软件可靠性模型及应用

赵 靖 著

哈尔滨工程大学出版社

内容简介

软件可靠性增长模型是评估和预测软件可靠性的主要方法。本书主要内容包括：首先介绍了软件可靠性工程方面的前沿；然后从理论上分析了测试可靠性与运行可靠性的差别；最后建立了多个考虑，测试剖面与运行剖面差别的软件可靠性增长模型。

本书根据软件工程前沿特点，做到内容新颖，反映了学科前沿动态和最新研究成果。

本书可作为高校计算机软件可靠性及相关专业师生和工程技术人员学习参考。

图书在版编目（CIP）数据

软件可靠性模型及应用/赵靖著. —哈尔滨：哈尔滨工程大学出版社，2007.5
ISBN 978-7-81073-780-7

Ⅰ.软… Ⅱ.赵… Ⅲ.软件可靠性-研究 Ⅳ.TP311.5

中国版本图书馆 CIP 数据核字(2007)第 070765 号

出版发行 哈尔滨工程大学出版社
社　　址 哈尔滨市南岗区东大直街 124 号
邮政编码 150001
发行电话 0451-82519328
传　　真 0451-82519699
经　　销 新华书店
印　　刷 黑龙江省地质测绘印制中心印刷厂
开　　本 787mm×960mm 1/16
印　　张 10
字　　数 135 千字
版　　次 2007 年 5 月第 1 版
印　　次 2007 年 5 月第 1 次印刷
定　　价 30.00 元
http://press.hrbeu.edu.cn
E-mail:heupress@hrbeu.edu.cn

前　言

随着软件产品与计算机一起渗透到各类军用、民用设备中，软件的质量问题也引起了人们越来越广泛的关注。软件可靠性指标是软件质量属性中最重要的内容之一，它定量地描述了软件开发和使用过程中出现的失效。软件可靠性增长模型是评估和预测软件可靠性的主要方法。

本书根据软件工程前沿特点，做到内容新颖，反映学科前沿动态。各章内容既具有一定独立性，又具有一定的关联性，其内容反映了软件可靠性评估方面前沿的研究水平。这本书能使读者跟踪学科发展，从中获益匪浅。该书能满足不同读者的需要，也可供教师和研究生参考。本书主要内容总结如下。

1.首先介绍了软件可靠性工程方面的前沿，对软件可靠性建模的发展历程进行了回顾，分析了影响软件可靠性评估精度的原因。

2.根据测试可靠性和运行可靠性的概念，重点讨论了软件测试剖面和运行剖面的差别，应用实测数据验证得到软件测试阶段测试覆盖率与运行阶段测试覆盖率，从而以测试覆盖率量化说明测试剖面与运行剖面的差别；从理论上分析了测试可靠性与运行可靠性的差别，研究这两种可靠性对软件发布时间的影响。

3.研究软件测试剖面与运行剖面的差别，在此基础上研究移动点技术，建立基于移动点并且考虑测试剖面与运行剖面差别的软件可靠性增长模型。

4.软件的测试剖面是在软件运行剖面的基础上建立的，因而软件的测试剖面与运行剖面又是存在联系的；通过分析环境因子的具体形式和运行阶段故障检测率变化的形式以及故障排除效率，在统一的框架基础上，分别建立了基于环境因子与移动点技术的软件可靠性增长模型。软件的测试阶段也存在移动点,将环境因子扩展到软件的测试阶段,建立了测试阶段基于移动点和环境因子的软件可靠性增长模型。

5.对软件故障之间的相关性进行了论述,由于软件的测试剖面与运行剖面存在着差别,建立了既考虑故障相关性、又考虑剖面差别的软件可靠性模型。

计算机软件的开发与应用正以飞快的速度发展着,并显示出越来越巨大的威力,因此人们对可靠性的要求也越来越高。希望本书的出版,能为读者奉献一本有用的著作。

由于作者水平有限,加之时间仓促,文中不妥之处在所难免,敬请读者批评指正,以便再版时修订。

作者

2007 年 4 月

目　录

第1章 绪 论

1.1 可靠软件需求

自从第一台计算机诞生以来,人们的日常生活越来越离不开计算机。计算机革命无疑成了当今世界上最快的技术变革。今天,计算机软/硬件遍布于人们现代生活的各个方面。离开计算机人们将无法控制与操作最新式的照相机、盒式录音机和汽车。计算机已应用于手表、电话、家用电器乃至飞机中。科学技术的进一步发展急需高性能的软/硬件支持。事实上我们可以看到几乎所有的工业,比如汽车、航空、石油、交通、电信、半导体、制药业等,大部分都需要依靠计算机来提高产品质量及竞争力。

随着对计算机的需求和依赖与日俱增,计算机出现故障引起危机的可能性也逐渐增加。因软/硬件出错所产生的影响,从造成诸多不方便(如家用电器失灵),到带来经济损失(如银行系统中断)甚至危及生命(如飞行系统和医疗系统失灵)。勿庸置疑,计算机系统的可靠性已成为整个社会广泛关注的迫切问题。

在计算机革命中,存在着不均衡发展的现象。与硬件技术飞速发展形成鲜明对比,软件技术的发展却没有得到与之相适应的同步发展,例如质量、产量、耗费及性能等方面都无法与硬件同步。据报道,在上世纪最后十年里,计算机软件已成为系统瘫痪的主要原因。事实证明,系统的硬件器件变得越来越可靠,软件已成为导致系统失败和停机的主要因素。随着对软件需求的增加,其规模、复杂性和重要性也相应增大。事实上，软件成分在应用中的增加正是许多系统综合复杂性提高的重要原因。正是由于软件的集成潜力，使得设计者可以设计出更多的、适用范围更广的、跨领域的优秀软件系统。

随着科学技术的进步，工程系统的规模和复杂性急剧提高，并且这种趋势还将保持下去。更高更复杂的软/硬件系统常见于宇航局、国防部、联邦航空局、电信业和很多其他私人行业所承担的工程中。例如，航天飞机的机载系统有近500 000行代码的软件，地面控制和处理系统也有大约350 000行的代码。在对原始计划进行了大规模削减之后，国际航天局 ALPHA 仍然需要数百万行的软件代码来操纵导航、通信和实验用的大量硬件设备。在美国电信业中，电信线路的正常运转需要数百个软件系统的支持，其代码总量超过一亿行。在航空电子产业领域，几乎所有新的载荷仪器都有它们自己的含有丰富内嵌式软件的微处理器系统。在联邦航空局(FAA)的“先进自动化系统”(AAS)新一代航空飞行控制系统中，也包含着极大规模的硬件和复杂的软件。

对复杂的软/硬件系统的需求急剧增加，其速度远远超过软/硬件的设计、实现、测试和维护能力。于是，近期文献中常出现关于各种工程事故的报道。据统计，其中大多数是由于软件出错所致。下面给出几个因主要程序出现错误而导致未完成目标任务的实例。在宇航局的旅行者计划中，天王星探测器就因为深度太空网络软件发送信息迟缓和能力衰减而处于危险中，由于发生软/硬件干扰问题，一些航天飞机推迟发射时间。在某国防部工程中，软件问题导致 AFTI/F－16 的首航时间耽误一年，事先设计好的计算机程序无一可用，关键系统的失败也影响了大量民用项目和科学工作。如果不是数据分析程序由于“越界溢出”而隐藏了异常数据，南极上空的臭氧空洞本来可以早些引起科学界的注意。

由于软件系统的错误导致人员伤亡的事件也时有发生。例如大规模的 Therac－25 放射治疗仪曾以其安全性著称于世，直到有一天由于软件出错而使其控制系统失灵，导致多名病人失去生命。1992 年 10 月 26

日，伦敦救护服务中心的计算机辅助发送系统刚启动就崩溃了，致使这个全世界最大，每天要接受五千个待运病人求救的救护服务机构全部瘫痪。过去的几年里，在航空业中尽管机械原因仍然是造成客机坠毁的重要因素，但专家指出，软件控制系统对飞行员在异常飞行期发出的紧急查询反应不当，可能是某些事故的主要原因。

软件失效也可导致商务灾难。1990年1月15日，通信中转系统新投入使用的软件发生了错误，导致主干线远程网大规模崩溃。1991年夏季，一系列局域电话网由于软件问题中断。这些严重事故使数以千计依靠电讯公司运营业务的公司损失了巨额资金。至此，许多大公司已认识到应该投入大量的工程开发费用以确保设计和推出可靠的软件，并且对于使用软件可靠性工程技术的系统方法有了迫切的需求。显然，开发用于软件可靠性工程的技术是对计算机工程师、软件工程师以及现在和未来各学科的工程师们的一个极大的挑战。

随着现代信息技术的发展，计算机的应用已经渗透到国民经济和国防建设的各个部门，甚至人类活动的各个领域。软件在航空、航天、核能、通信、交通、金融等关键领域的应用也日益广泛，这些领域对软件的可靠性和安全性都有很高的要求。软件可靠性直接关系到计算机系统乃至更大的系统能否在给定的时间内完成指定的任务。不可靠的软件引发的失效给软件的使用者或者软件开发人员带来的后果可能是灾难性的。1996年6月4日，欧洲航空航天局耗资67亿美元研制的阿丽亚娜5(Ariane 501)火箭在首次飞行实验中，点火后37 s在空中爆炸。调查委员会调查分析后认为，事故是由惯性制导系统软件中的一个故障引起的。这个软件故障，不仅造成巨大的财产损失，而且使这一项目的进程大大延期，其损失难以估量。在海湾战争中，一个软件故障扰乱了“爱国者”导弹的雷达跟踪系统，在发射导弹时产生了1/3 s的时间误差，结果未能击中伊拉克发射来的飞毛腿导弹，造成美军28人死亡，98人受伤。在民用领域，丹佛新国际机场投资1.93亿美元的自动化行李系统，由于其中的软件故障,致使该机场的开放时间推迟了半年以上,造成巨大的损失。实际上,由于软件故障导致系统失效,造成重大损失的事例不胜枚举[1]。

目前,随着应用领域的进一步扩展和功能需求的进一步提高,软件系统的规模日益增大,结构和功能日益复杂;计算机系统中由软件实现的功能所占的比例迅速增加,例如,在实现战机航电系统功能方面,软件实现的功能随着计算机的更新换代而成倍增长,在我国的专项工程中,某些装备的机载软件已经超过100万条语句,下一代装备的软件规模还将成倍增加[2];硬件设计、实现和测试技术得到迅猛发展,各种高性能辅助工具的出现使硬件中包含的设计和制造缺陷大幅度减少,而软件的编写主要还是由程序员手工完成,仍然是计算机发展早期时的编写方式,人脑思维的局限性和软件系统的复杂性形成强烈反差。这些原因导致目前计算机系统中软件的失效次数已经超过硬件失效的次数。例如,美国国家航空和宇宙航行局(NASA)的系统中软件失效率是硬件失效率的10倍;海湾战争中F-18飞行控制系统计算机发生的500次失效中,软件失效次数远远超过了硬件的失效次数[3]。

软件可靠性工程在软件工程领域逐渐成为一个重要的分支,成为一门崭新的技术。1988年软件可靠性工程一词登上学术讲台,Musa J D认为软件可靠性工程是“一门以减少基于软件的系统在运行中不满足用户要求的可能性为目标的应用科学”。他同时还说明软件可靠性评估是软件可靠性工程研究的内容之一[4]。

软件可靠性技术的一个重要研究方向是软件可靠性评估。准确地评估软件系统的可靠性、预测软件可靠性随测试过程的增长能为软件发布和测试资源的分配提供的依据,使软件既能按计划准时发布,又能满足用户的可靠性需求,降低软件的总成本。反之则会给软件企业和用户造成经济和信誉上的损失。软件发布时间过早,软件系统的可靠性指标还没有达到,软件失效行为会给用户造成很大的损失,提高了生产者的维护成本,降低了生产者的信誉。软件发布时间过迟,使软件的可靠性超过用户需求,会提高软件开发的成本,增加用户的经济负担,使生产者错过软件发布的最佳时机,降低软件的市场竞争力。因此必须准确地评估和预测软件可靠性。基于时间域的软件可靠性增长模型是评价软件系统当前可靠性、预测软件可靠性随测试时间的变化趋势的重要工具之一[5]。30年来,人们已经提出了许多软件可靠性增长模型。这些模型都是基于一些对软件的开发环境和使用环境的关键假设,利用测试获得的软件失效信息,对软件系统的失效过程进行建模,评估软件系统的可靠性,预测软件实际工作时的现场行为。因此,软件可靠性增长模型为软件可靠性的评估与预测提供了一种有效的手段。

非齐次泊松过程(Non-homogeneous poisson process, 简称为 NHPP)类软件可靠性增长模型是软件可靠性增长模型中非常重要的一类,并且已经成为软件可靠性工程实践中非常重要的工具[3],是管理和提高软件可靠性过程中最有吸引力的一类模型[6]。迄今为止,基于传统的 NHPP 过程的模型依然是评价软件可靠性最适合的、最简单的模型之一[7]。大多数软件可靠性增长模型假设软件的测试剖面和软件的运行剖面相同,即软件在与现场运行环境相同的测试环境下进行测试,利用软件在测试时产生失效的历史信息预测软件在现场运行环境下的失效行为。实际上,为了减少测试成本和测试时间,在软件测试过程中要应用软件测试准则和软件测试工具,以在尽可能短的时间内发现更多的软件故障。由于加速测试的影响,很难使测试阶段的软件失效和现场运行阶段的软件失效服从相同的分布,即使利用软件的运行剖面进行软件测试,也会存在如下方面的问题:

(1)在某些情况下,很难估算软件各功能的使用频度,也就是说软件的运行剖面无法确定,例如,安全关键系统(例如核武器)控制中产生的小子样问题;

(2)单个的运行剖面很难准确刻画多个不同使用者对软件系统的应

用情况；

(3)软件系统开发阶段功能的增加或修改，软件维护时软件系统的功能增加或修改都会使软件系统的运行剖面发生变化。

上面的几种情况都会导致错误的运行剖面，影响软件可靠性评估的准确性，造成过高或过低估算，给用户或者软件开发者带来不利的影响。

综上所述，研究软件可靠性评估技术和软件测试剖面与软件运行剖面的差别，提出能够反映这种差别的 NHPP 类软件可靠性增长模型，提高软件可靠性评估与预测的精度，是软件可靠性工程领域急需解决的问题，是我国社会信息化建设和现代化发展的迫切需求。

本论著研究工作从提高软件可靠性评估和预测的有效性出发，研究测试可靠性和运行可靠性的区别，并且根据其区别的几种形式，给出了测试可靠性和运行可靠性对软件最优发布的影响；研究软件测试剖面与运行剖面的差异，提出能够反映这种差别的基于移动点技术的 NHPP 类软件可靠性增长模型；研究环境因素对软件可靠性的影响，利用环境因子将测试剖面和运行剖面的差异联系起来，并且建立了考虑测试环境和运行环境差异的统一的 NHPP 类软件可靠性增长模型框架，在此基础上建立了基于移动点技术和环境因子的软件可靠性增长模型；研究故障相关性对测试剖面和运行剖面的影响，从而建立了考虑故障相关性和测试与运行差别的软件可靠性增长模型。这些技术的研究和攻关有助于软件企业能够更好的选择软件可靠性增长模型，利用测试阶段的失效数据和测试环境与运行环境的区别，预测软件在特定运行环境下的软件可靠性。

1.2 软件可靠性的描述

软件可靠性工程(Software Reliability Engineering，简称为 SRE)是以软

件一系列重要特性为中心而展开的。

可靠性(Reliability):软件可靠性指的是在给定时间内,特定环境下软件无错运行的概率。软件可靠性是系统可依赖性(System dependability)概念中的一个内容,也是软件质量属性之一。全面衡量软件质量还需要其他一些因素,如功能(Functionality)、可用性(Usability)、性能(Performance)、可服务性(Serviceability)、能力(Capability)、可安装性(Installability)和可维护性(Maintainability)。

软件可靠性已被公认为是系统可依赖性的关键因素,因为它可以定量地衡量软件的失效性——可导致软件失去作用甚至有害于整个系统,这是人们最不希望看到的情况。软件可靠性也可被认为是从软件质量方面满足用户需求的最重要的因素。

因此,软件可靠性工程可定义为定量地按用户对可靠性的需求,进行基于软件系统的操作行为。它包括:

(1)软件可靠性度量,以软件可靠性模型为基础进行的评价和预测;

(2)产品设计、开发过程、系统结构、软件操作环境等要点与度量标准及它们对可靠性的影响;

(3)应用这些知识说明和指导系统软件设计、开发、测试、查询、使用和维护。

软件可靠性定义的三个要素为失效(Failure)、时间(Time)、操作环境(Operational environment)。还应区别在软件可靠性度量(Measurement)中评价(Estimation)与预测(Prediction)。

首先给出软件可靠性的数学定义。

如果把程序看成是输入空间到输出空间的映射,那么程序运行出错就是由于程序没有把某些输入映射到人们所期望的输出上去。设输入空间一共有 I 个点,引入一个程序执行变量函数 $Y(i)$ 如下[8]:

$$Y(i)=\begin{cases}1, & \text{输入点 } i \text{ 时,程序运行正确;}\\ 0, & \text{输入点 } i \text{ 时,程序运行错误。}\end{cases} \qquad (1-1)$$

设 $P(i)$ 是输入点 i 出现的概率，则在这个运行剖面下，一次输入导致程序正确运行的概率[8]：

$$\sum_{i=1}^{I} P(i)Y(i) \tag{1-2}$$

软件可靠性表示软件系统在给定的环境下，给定的时间内不发生失效的概率。设程序每执行一次的期望时间为 T，则在 $[0,t]$ 时间内软件的运行次数为 t/T 次，因此，这段时间内软件的可靠性可表示如下[8]：

$$R(t) = \left[\sum_{i=1}^{I} P(i)Y(i)\right]^{\frac{t}{T}} \tag{1-3}$$

由于 I 的值即使不是无穷大，通常也是十分大的数字，$P(i)$ 大小的确定也是比较困难的，因此式(1-3)只是从本质上反映了软件可靠性定义的概率性质。一种基于运行的软件可靠性定义可以描述如下。

设 n 表示在一个特定应用中程序实际运行的次数，c_n 表示正确运行的次数，则 $(0,\ t)$ 这段时间内，软件的可靠性可表示如下[8]：

$$R(t) = \left(\lim_{n\to\infty}\frac{c_n}{n}\right)^{\frac{t}{T}} \tag{1-4}$$

如果 $\lambda(t)$ 表示风险函数(Hazard function)，即程序正确地运行到时刻 t 时，单位时间内程序发生故障的概率。如果 T 表示从 0 开始运行一个程序，到程序发生失效为止经历的时间，则容易断定 T 是一个连续型的随机变量。于是有[8]：

$$\lambda(t) = \lim_{\Delta t\to 0}\frac{\Pr\{t+\Delta t \geqslant T > t \mid T > t\}}{\Delta t} \tag{1-5}$$

因此

$$\begin{aligned} R(t+\Delta t) &= \Pr\{T > (t+\Delta t)\} \\ &= \Pr\{(T > t)\wedge \text{在区间}[t, t+\Delta t]\text{内程序不发生故障}\} \\ &= R(t)[1-\lambda(t)\Delta t] \end{aligned}$$

即

$$\frac{dR(t)}{R(t)} = -\lambda(t)dt \tag{1-6}$$

因此

$$R(t) = \exp\left[-\int_0^t \lambda(x)dx\right] \tag{1-7}$$

由可靠性的定义,显然有 $R(0)=1$,并且 $R(\infty)=0$。

随着测试过程的进行,软件中的故障不断地被发现并且被纠正,可以乐观地认为软件中的故障越来越少,软件发生故障的频率也会随之下降。因此,可以认为 $\lambda(t)$是一个减函数。

定义 1-1 缺陷(Defect)[9,10]:一个产品的异常。例如(1)在生命周期的早期发现的遗漏或不完整性;(2)软件中包含的故障。

定义 1-2 错误(Error)[9,10]:导致软件中包含一个故障的人的行为。包括对软件规格说明中用户需求的遗漏和误解,在设计时错误地解释或对需求的遗漏。

定义 1-3 失效(Failure)[9,10]:(1)中止一个功能模块执行其应执行的功能的能力;(2)在给定的约束条件下,一个系统或系统的单元不能够执行指定功能的事件,遇见一个故障时可能会产生失效。

定义 1-4 故障(Fault)[9,10]:(1)使一个功能单元不能执行其功能的一个偶然的条件;(2)软件中错误的一个表现。遇到一个故障,就可能产生一个失效。

定义 1-5 软件可靠性(Software reliability)[9,10]:在指定的时间内,给定的条件下,软件不引起系统发生失效的概率;可靠性是系统输入和系统使用的函数,也是软件中存在的故障的函数。系统的输入决定了是否会遇到软件中存在的故障。

1.2.1 错误与失效

首先应大概了解软件系统及其所期望的服务。

(1)软件系统是内嵌于计算环境的软件子系统的一个相互作用集,

该环境为软件系统提供输入且接受软件的服务(输出);软件子系统本身又是由其他子系统组成的,以此类推,达到一个期望的分解级分解成有意义的最小元。

(2)所期望的软件系统服务(行为)是一个输出状态的时间相关序列(time - dependent Sequence),该输出序列与实现软件(按确定目的)所遵从的初始约定说明相一致,亦即与系统用户认同的正确值(为实现有效目的)相一致。

现在我们可以说,一个名为程序(P)的软件系统发送一个所期望的服务(S)给某个名为用户(U)的环境或人。

失效:用户发现程序未产生所期望的服务即为失效。如下例所示:

(1)某代理商(U)发现数据库(P)接收了一个查询,却未产生任何反应(S);

(2)某银行出纳(U)要求计算机(P)给出某一支票帐户的余额(S),计算机回答“读错”以示读余额操作未成功;

(3)某飞机驾驶员(U)发现,自动飞机控制系统(P)未能按指令保持某确定高度(S);

(4)某电话用户(U)拿起电话拨号,但转接系统(P)却未按要求联接到正确线路(S)。

用户可以根据他们对系统服务的影响选择判定各种不同的失效严重程度级别,如灾难性失效、重大失效、微小失效。这些严重级别的定义因系统而异,而在某一给定系统内应保持术语的一致性。

一种特殊的失效情况是运行中断。运行中断可定义为在一定时间内(中断期)对客户的服务停止或降级。通常,中断可以由硬件或软件失效,人为错误和环境变化(如雷电、电源失灵、火灾等)引起。由失效而导致整个系统功能的损失称为“系统中断”。例如,在电信业中对系统中断进行定量化,定义中断时间为“大于三秒(对于导致稳定呼号丢失的失效)或大于三十秒(对于不导致稳定呼号丢失的失效)”。

错误在既不引起程序失灵,程序又未检测出内部错误(如状态不对)时,错误量不明显地暴露出来。引起失效或内部错误称为错误又称“缺陷”。在大多数情况下,错误可被查出并排除,在某些情况下,它仍然存在。一个假设认为,无法充分证明错误的存在(如,分布式系统的分时错误)。错误例子如下:

(1)启动错:程序不按要求启动;

(2)输入范围错:程序不能正常检测输入数据范围;

(3)说明错:输入数据的约束范围说明模糊;

(4)算法错:计算给定数学方程的算法非正常执行;

(5)边界错:数组索引越界;

(6)分时错:分时源的必要连续性丢失,延迟或非正常处理。

简言之,软件失效是最后结果与有关规定不相符或用户在软件系统边界觉察到不希望的软件错误行为,而软件错误是被识别出或假设软件产生失效引起的。当这一区别不明显时经常用缺陷(Defect)这一更一般的术语来指错误(原因)或失效(结果)。

另一个常用的术语是“错误”(Error),它有两种不同的含义。

(1)计算、观察或测量值或状态与真实的、规定的或理论上的正确值或状态不相符。计算机软件某些部分产生不希望的状态,亦即发生了差错。例如,存在的软件错误被激活引起异常状态和由意外的外部干扰使计算机产生不正常状态。该术语尤其适用于在容错计算中描述错误和失效的中间状态。在非容错系统中,错误等于失效。

(2)人为因素使软件出现错误。如在软件说明书中缺少或误解了用户需求,在设计说明书中错误解释或缺少了需要的描述。这还不是最流行的用法,术语“过错”(Mistake)常用来替代它,以避免混淆。

注意:两种含义的主要区别在于所考虑的“系统”不同。在(1)中“系统”指的是计算机系统,而在(2)中“系统”指的是程序员。除此之外,错误的注记都一致。

1.2.2 时　　间

可靠性量化通常用相关时间来定义，尽管有时还可能用一些其他的，如程序运行等来定义。这里的时间与三类时间有关。软件系统的执行时间是运行软件时计算机实际花费的 CPU 时间。第二类时间为日历时间，指通常以年、月、周、日计的时间。第三类为时钟时间，是指在运行软件时计算机从头到尾所花去的时间。在测量计算时钟时间时，计算机停机时间不计在内。如果计算机被程序连续占用，该程序占用执行软件的 CPU 的一个时间段，则执行时间与时钟时间成正比。

对于软件可靠性测量和建模而言，通常认为执行时间比日历时间更充分。然而，为了对用户更有意义，可靠性量化必须最终与日历时间相联系。当经理、工程师和其他用户们要将结果与不同系统做比较时，尤其如此。因此，需要在日历时间与执行时间之间进行转换。如果不容易得到执行时间，可用其他时间近似值，如时钟时间、加权时钟时间、主要运行时间或其他应用程序易得的计时单位，也可以使用处理或测试箱等。

一旦时间基准确定后，失效可以用三种方式表示：累计失效函数(The cumulative failure function)、失效密度函数(The failure intensity function)和失效平均时间函数(The mean time to failure function)。累计失效函数(也记为均值函数)表示与每一时间点相关的平均累计失效。失效密度函数，也记为失效率函数(Failure rate function)或失效发生率函数(Rate of occurrence of failures)，表示累计失效函数的变化率。平均失效时间(Meantime of failure，MTTF)表示观察到下次失效的期望时间。显然，上述三种度量标准是密切相关且可相互转化的。例如，失效密度是由累计失效函数相对于时间推导所得到的瞬时值。进而，如果可靠性函数成指数分布，其平均失效时间为失效密度函数的导数。

与时间有关的另一个量为平均修复时间(Mean time of repair,

MTTR),它表示在观察到失效后,修复系统所需要的时间。对硬件部件来说,平均修复时间是一个很容易估计的评价标准,因为典型的硬件修复过程是通过诊断系统出错部件,用同样的或等效的部件替换它。这一标准过程致使对平均修复时间的估计十分精确。然而对于软件,情况就不同了。软件失效的暂时恢复可以是简单的重装软件或重新运行软件直到失效再次出现,而永久性的恢复需要调试、修改、确认、重装该软件。因此,软件的 MTTR 因系统而异且因时间而异。

当系统的 MTTR 和 MTTF 测定后,其可用性(Availability)即可求得。可用性是指在需要时系统可用的概率,通常它可按如下公式计算:

$$\text{可用性} = \frac{\text{MTTF}}{\text{MTTF} + \text{MTTR}}$$

1.2.3 操作环境

软件操作环境通常以操作概图(Profile)的概念来描述,它指明软件操作所需的环境(如用户初始的输入状态或影响计算的系统状态)。系统的操作概图定义为由软件可执行的操作及其发生的概率组成的集合。操作指一组包含相同处理的运算。

1.2.4 失效数据采集

为评测软件可靠性,通常采集两类失效数据:失效计数数据(Failure-count data)和失效间隔时间数据(Time-between-failures)。

1.失效计数数据

此类数据跟踪单位时间内检测到的失效次数,常见于工程报告和安装说明中。某些可靠性模型的公式中直接采用该数据。大多数组织相应地有某种结构管理程序,作为该程序的一部分,有一个报告失效的过程和一个对消除软件错误的修改进行认可的过程。

软件问题报告机制既可以是手工的也可以是自动的,而问题报告(如软件毛病报告等)可以存储在计算机数据库系统中或手工文件系统中,关键在于数据必须易于提取。在规定有时间间隔时容易出错,要百般小心,目的是在特定环境下建立检测每一时间单元之内失效次数的模型。时间单位应在 CPU 速度、人员占用时间、测试强度等方面保持一致。通常无法得到用于检查一致性的有关信息,所能得到的仅是每一时间间隔内的失效计数。而在每一时间间隔内的测试强度可能不一致。例如,某间隔内的测试成员可能为其他间隔内测试成员的二倍。得到这一信息需要很多附加工作量来与测试者交流信息,甚至还要重新检查所关心的过去时间记录。总的来说,形成失效计数的时间越长,结果就越稳定。短时间间隔内产生的偏差在长时间单元内被平均掉了。

另一个难点是,由于错误修复通常不是即时的,因此可能由一个相同错误导致多个失效。其结果是很难采集数据以确定哪次失效与哪个单一错误有关。这给问题报告的及时性和精确性增添了不确定因素。

问题报告中的其他难点包括如何确定问题是真的出现软件失效,因为某些组织用问题报告来反映任何一种形式的异常。另外,问题报告上所反映时间可能不是失效检测的时间,而是填报告的时间。失效计数数据可以在系统测试开始的开发周期的任一点采集,至于报告率(每周、每月或每年报告失效数),可视用户的总体测量目标而定。建议采用与目标一致的最小时间单元内所报告的失效次数。如果结果不够好,将时间间隔组合到下一级。例如,日到周,周到季等。前面提到的稳定结果有助于模型的建立。

2.失效间隔时间数据

此类数据可以通过自动在线过程监测生效并记录失效次数而直接得到,也可间接地人工跟踪失效记录,细察失效的后序时间来得到。如果可能的话,最好采集程序的实际执行时间,而不是花费的时钟时间,这是处理器在执行软件指令时所花费的实际时间,它可以给出使用软件的更真实的描述。有时,可能花费了大量的时钟时间,但在此期间内却仅做了很少的计算。这导致了较少的执行时间,因而倾向于给出对软件可靠性过分乐观的估计。使用执行时间建模,较之于单纯使用时钟时间更有优越性。但我们的确要因数据更难得到而多花一些代价,因为必须要有一个实际操作系统的监视器。

另一种得到此类数据的可能方法是通过代表每一时间单元内平均利用率的算法来调整时钟时间。如果无法得到失效间隔时间(Time-between-failure)(时钟或时间)数据,而仅有组数据(每一时间单元发生失效的次数),失效间隔时间仍可通过以后将要论及的方法间接得到。

除了要考虑上述两种因素以外,还要考虑的其他因素有:

(1)调整失效次数以反应进化程序(随时间而改进的软件程序)的行为;

(2)处理多地址、多版本的软件。

在第一种情况下,系统测试初期,当所有软件都不可用时,失效强度在软件开发早期可以忽略不计,进而产生过度乐观的可靠性预测结果。针对此问题,通常存在三种解决方法:

(1)根据成员结构改变检查程序变化,包括增、删独立子系统;

(2)忽略变化,因为模型会调整其参数,自动解决问题以适应变化;

(3)如果全部最终程序都存在的话,调整失效间隔数据到其应有状态,然后按对静态程序采用的办法来处理失效时间。

在后一情况中,存在着从多地址中组合可靠性数据的问题。该情况产生于多个代码版本,以不同的处理速度在不同位置或不同计算机上执行。通常采用的办法是,将不同计算机上的失效按其发生顺序交替排序。然后,求不同计算机上并行执行的时间之和,以求得与后续失效之间的总时间。如果时间单元是日历时间或与计算机有相同的平均指令执行率,选择一台“参照机”(Reference computer),并根据该机调整全部执行时间和失效强度。注意,这通常需假设失效发生而且导致失效的错误是可修复的,对于所有软件备份也可同时修复。事实上,修复时间上可能有差别,但由于复制错误通常不计算在内,修复仍可视为很好的近似。

3.两类输入间的转换

许多可靠性建模程序都有根据失效计数或失效时间间隔数据估计模型参数的能力,而统计建模技术可兼施于两者。如果程序只提供了一种类型的数据,可能有必要变换另一种。

如果期望输入是失效计数数据,可以先将失效时间间隔变换成累计次数数据,然后简单地计算在规定时间内发生失效的累计次数。显然,两类数据可以互相转换。如果期望输入数据为失效时间间隔数据,将其转化成失效计数数据需要某些假设,可以通过以下两种办法完成转化。

第一种方法,在规定时间间隔内随机分配失效。随机性对某些模型不会造成15%以上的估计差错。

第二种方法最易实现,在时间长度内均匀分配失效。例如,设时间间隔为三小时,在此期间出现三次失效,可以认为失效时间间隔为一小时。图1.1给出了三种在三个一小时期间分配三个失效的可能方法。在(a)中每次失效发生在一小时期间的开始,(b)中每次失效发生在一小时期间的中间,(c)中每次失效发生在一小时期间的结尾。

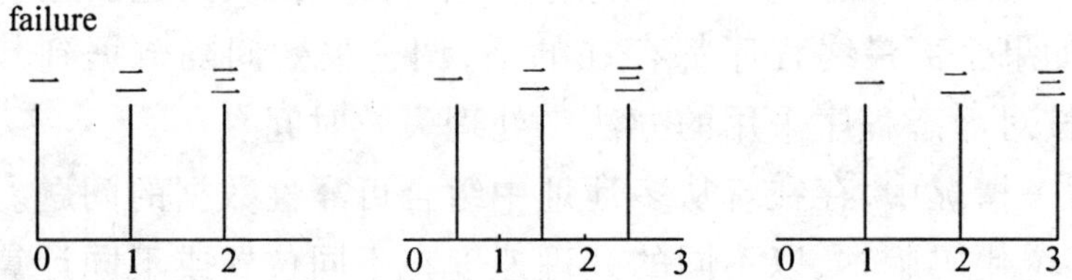

图1.1 根据一致分布分配失效的方法

(Figure 1.1 Failure allcation method according to similarity)

应该注意,通常并不提倡从失效计数到失效时间间隔的转化,除非十分必要(如模型需要失效间隔时间),因为它会引起模型操作的噪音。显然,假设在失效计数数据采集过程中无任何可靠性增长不是真的。在任何情况下，当所考虑的时间周期合理的短时，噪音可以减小。

1.2.5 评价与预测

软件可靠性测试包括两种行为：可靠性评价和可靠性预测。

评价——应用统计推理技术于系统测试和系统运行期间得到的失效数据，断定系统当前的软件可靠性。它是对从过去到当前点所得到的可靠性的度量，其主要目的是评价当前可靠性，并确定一个可靠性模型是否为回溯的正确依据。

预测——利用可知的任何软件度量与规程确定未来软件的可靠性。根据软件开发的不同阶段，可采用不同的预测技术：

(1)在可知失效数据时(如软件在系统测试与操作期)，可用评价技术来定参和检证软件可靠性模型，可完成对未来可靠性的预测；

(2)在未知失效数据时(如软件在设计与代码生成阶段)，软件开发过程中得到的规程和所得产品的特性，可被用来确定所测试和提供的系统软件的可靠性。

前一定义又称“可靠性预测”(Reliability prediction)，后一定义又称为“早期预测”(Early prediction)。当上下文意义清楚时，通常只用“预测”一词。

为进行可靠性预测(依赖于可靠性评价技术)，考察某些软件产品的实际失效数据是十分必要的。它可以是在系统测试早期记录的数据(失效计数或失效时间间隔)，该数据用于校准统计评价模型，使之适于应用，如根据数据选择模型，校准后的模型可用来测量和预测软件产品的可靠性。

而另一方面，进行早期预测无需真实数据，而用其他参数来刻画软件产品及其开发、测试和维护过程。早期预测技术通常用来求静态量度标准，如固有错误密度、期望错误总数和初始错误率，通常在系统进入测试期之前执行一次。早期预测对软件管理中的耗费评价(Cost estimation)、资源计划(Resource planning)、方案确证(Schedule validation)和质量预报(Quality forecasting)都十分重要。

可靠性预测法需要执行软件,而早期预测法则可在执行软件之前进行,换言之,在确定软件可靠性方面早期预测的及时性(Timeliness)较优。同时,作为连续适应过程的可靠性预测,因为评价模型根据失效数据精确性度量软件可靠性,所以在对软件可靠性的度量精度方面较优。另一方面早期预测模型不考虑可靠性的增长,也不精确建立软件可靠性模型。从这些模型出发很难建立作为依赖时间度量标准的可靠性和作为静态测量标准的错误密度之间的关系。

1.3 软件可靠性增长模型的概念与分类

软件可靠性和硬件可靠性一样,都是随机过程且都可用概率分布来描述。但软件可靠性与硬件可靠性的不同之处是软件不会老化(衰退或退化),亦即其可靠性不随时间而降低。而且,在软件测试和运行过程中,由于软件失效时软件错误可以被检测出来并被排除掉,因而软件的可靠性会增大。另一方面,软件可靠性也可能因应用项的意外改变和对软件的不正确修改而降低。软件在其整个生命周期中也是需要不断更新的,软件的可扩展性也使得人们不可避免地要考虑不同的失效率。

大多数硬件错误是物理故障(Physical faults),与此不同的是,软件错误为设计错误,它更难看到、分类和检测,也更难修改。因此,与硬件可靠性相比,软件可靠性就更难得到,更难分析和测量。由于只考虑物理故障,硬件可靠性理论通常依赖于分析静态过程,而随着系统复杂性的增加和软件设计错误的引入,基于静态过程的可靠性理论变得不适于表示诸如软件中的可靠性增长或衰减之类的非静态现象。这使得软件可靠性测量问题成了一个更具挑战性和不断发展的技术。

自提出第一个软件可靠性模型以来，众多文献中已记述了四十多个软件可靠性模型。模型中必须给出简化假设以保证建立的可靠性模型易于数学及统计学处理。为此，不同模型分别引入了一些软件的过程和产品特性，这些特征与可靠性评价有关，同时给出了关于软件发展、测试和错误修改过程的不同假设。

对不同模型的应用经验表明，没有一个普遍适用的模型能对所有产品都能作出最好的可靠性评价和预测。例如，模型A可能对产品1精确而对产品2不精确，而模型B可能对产品2精确而对产品1不精确，由于没有在所有情况下都优秀的单个模型，很有必要为实践者建立选择哪一个模型以及对软件可靠性测量采用什么过程这样两个方面的指导性准则与推荐性意见。

为了对软件模型进行总体评价，建立了以下评价标准：

(1)论断有效性(Predictive validity)；

(2)测量参数的简易性(Ease of measuring parameters)；

(3)假设质量(Quality of assumptions)；

(4)能力(Capability)；

(5)应用性(Applicability)；

(6)简单性(Simplicity)；

(7)对噪音的不敏感性(Insensitivity to noise)。

以下是对这些评价标准的详细论述。

(1)论断有效性

论断有效性包括对当前失效密度的测量精度，以相关数据和耗费完成测试的时间预测，以及对操作失效的预测。

为客观定量地比较不同模型，采用了四种形式化定义的测度。这些测度(精确度、倾向性、趋势和噪音)代表对某一特定模型的软件可靠性测量质量的各种量化。

(2)测量参数的简易性

该评价标准指的是模型所需要的参数数量以评价这些参数的难度。大多数模型引入两到三个参数。通常,三参数模型较之于二参数模型与失效数据曲线吻合的更好。但对评价软件可靠性来说,在某些情况下二参数模型已能精确地处理可靠性,因此不一定要采用三参数模型。当两模型确定度相同时,需要参数较少的模型为好。这不仅因为模型的参数越少越容易处理,还因为软件可靠性工程师能更好量化分析参数的物理意义并为软件开发过程提供适当的反馈。经验表明,以相当简单的假设给模型参数一个物理解释不是一件容易的事情,尽管参数在一开始有一定的物理含义。例如,当应用一个含有与初始错误数相关的参数的模型时会发现从一个预测阶段到下一个预测阶段该参数剧烈波动,即使后续的可靠性预测相当准确也会如此。

从评价参数的过程来看,最大似然法(Maximum likelihood)和最小幂法(Least square)是两个最常用的方法。软件可靠性模型的论断性行为可能因使用不同的参数而使得评价过程明显不同。同样,如果结果没有不同,评价过程越简单越好。

(3)假设质量

软件可靠性模型所作的假设应该尽量与现实工程测试和操作环境相近。软件可靠性模型中常用的假设:

①测试输入随机地遇到错误;

②所有失效结果是相互独立的;

③测试空间覆盖使用空间(即操作概图);

④所有失效在其发生时都可恢复;

⑤错误会在失效时被及时地清除或不会再遇到;

⑥软件失效密度与软件中存在的错误数有关系,软件可靠性模型规定这一关系。

如果假设是可以验证的,应该用数据来证明此假设;如果假设不可验证,应从逻辑一致性和软件工程经验的角度检验它。另外,应判断模型所采用假设的明析性与精确性，这有助于确定在软件工程环境中是否采用某一特定模型。

(4)能力

能力指模型评价软件系统中与可靠性相关的量的能力。这些量包括：

①在给定时间内被评价的固有错误，期望的全部失效或残留的错误；

②当前可靠性 MTTF 或失效密度；

③达到规定可靠性所期望的数据 MTTF，失效密度目标或遗留的错误数；

④与实现目标有关的人、机资源及耗费需求。

除具有在测试与运行期进行软件可靠性预测的能力外，模型具有在系统设计与早期开发期进行早期预测的能力也很重要。这些预测必须通过软件规程、软件开发环境及操作图来检验。

(5)可用性

软件模型的可用性应根据不同的代码规模、结构、功能和应用领域来检验。某特定模型的一个优点是它可用于不同的开发环境，不同的操作环境及不同的软件工程阶段。在应用软件可靠性模型时，应可处理以下情况：

①进化软件；

②失效严重程度分类；

③不完全失效数据；

④软件在各种不同速度计算机上的执行；

⑤多重软件安装；

⑥与模型假设有差别的工程环境。

(6)简单性

在选择模型时，应注意简单性。模型越简单，参数越少，收集工程数据并从数据库中选择通用参数以及理解与解释结果就越容易。直到已经进行了几次可靠性预测与评价之后,才需要更复杂的模型,也才会有更多的数据支持更复杂的模型。

简单性表现在模型的三个方面:数据采集过程、建模概念及其使用软件工具的实现过程。数据采集简单可以减少测量耗费、增加数据精度以及使模型易于应用。建模概念简单则更容易理解假设、评价参数、使用模型和解释结果。模型易于实现有利于充分利用计算机解决通常的计算密集型(Computation-intensive)问题。

但应该注意,不应过分强调简单性标准在论断有效性标准中的作用。当引入一个额外的模型参数能非常有效地改进论断有效性时,即使参数评价过程会因此而难度大增,使用新模型仍是十分必要的。

(7)对噪音的敏感性

软件可靠性数据通常包含与模型处理过程不相干的噪音。最常见的噪音生成原因是软件失效数据通常是基于工程日历时间记录的,而不是以执行时间记录的。即使精确地以执行时间(或至少以对其足够的近似)来记录软件失效,真实的软件执行过程也往往可能与模型假设不一致(如软件测试不随机)。因此,一个好的模型不仅能在使用纯净数据的理想情况下表现其有效性,还应能在失效数据集(The set of failure data)不完全或含有测量不确定性时,完成精确测量。

该标准可被认为是模型可用性评价标准的特殊情况。可以想象,对模型的噪音进行不敏感测试,需要使用各种类型的经验数据集反复应用模型。

1.3.1 软件可靠性增长模型的概念

定义 1-6 可靠性增长(Reliability growth):因排除故障而产生的可靠性的提高[11]。

定义 1-7 软件可靠性模型(Software reliability model)[12]:把软件的失效过程表示成故障引入、故障排除和运行环境等因素的函数的一个数学表达式。

定义 1-8 软件可靠性增长模型(Software reliability growth model)[13,14]:在软件开发的测试阶段,不断地检测到并排除软件故障,软件中潜伏的故障就会减少,软件可靠性提高,描述软件可靠性提高过程的数学工具被称为软件可靠性增长模型。

1.3.2 软件可靠性增长模型分类

由于软件可靠性模型的研究仍处在较初级的阶段,至今没有一个完善、系统、科学的分类法。为了研究这些模型,需要对其做一些分类,不少学者对这一问题进行了研究,提出了多种分类方法。常见的分类方法有随机性分类法等,随机性分类法如图 1.2 所示[15~17]。通常称随机过程模型为宏观模型,其他许多模型为微观模型。一般来说宏观模型效益要比微观模型大得多,宏观模型对软件性能及行为的度量要比微观模型

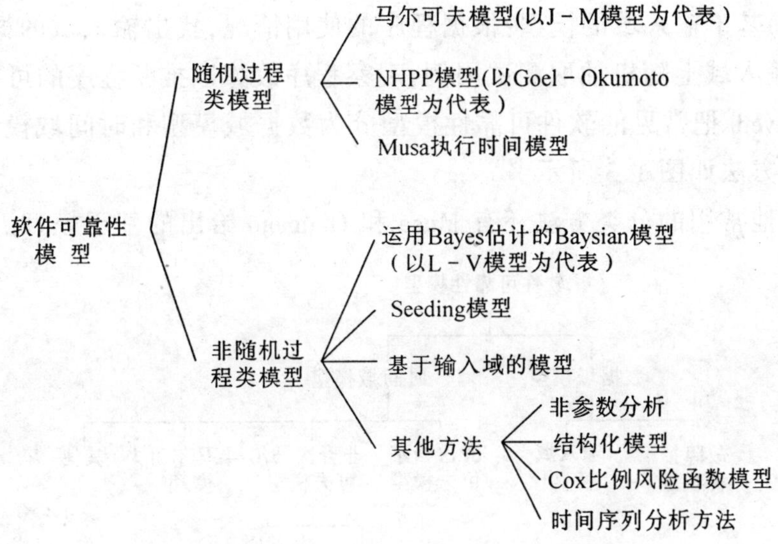

图 1.2 基于随机性的软件可靠性模型分类

(Figure 1.2 Classification of software reliability models by randomicity)

全面广泛得多，而微观模型的优势在于其局部的相对精确性。

Musa J D 等根据模型的强度衰减曲线，将模型分为指数、帕雷多、威布尔、伽马和几何衰减等几类[13]。

Goel A L 根据故障过程的特性将模型分为 4 类[18]。

(1)故障间隔时间模型：研究故障的间隔时间，假设故障间隔时间随测试的进行服从某一种分布。

(2)故障计数模型：研究一定时间间隔内发生软件故障的次数，假定故障计数遵从某个一致的随机过程。NHPP 类软件可靠性增长模型属于这类模型。

(3)故障播种模型：在一个固有故障数未知的待测程序中，人为地植入特定数量的故障，然后进行测试，根据发现的植入故障和固有故障数估算程序的可靠性和其他软件性能的度量值。

(4)基于输入域的模型：根据程序的使用情况，找出输入域的概率分布，在输入域上随机抽取测试用例，观察程序故障以推断程序的可靠性。

Trivedi 把常见的软件可靠性模型分为数据域模型和时间域模型，具体分类方法如图 1.3 所示[19]。

其他常用的分类方法还有 Musa 和 Okumoto 给出的基于模型五种不

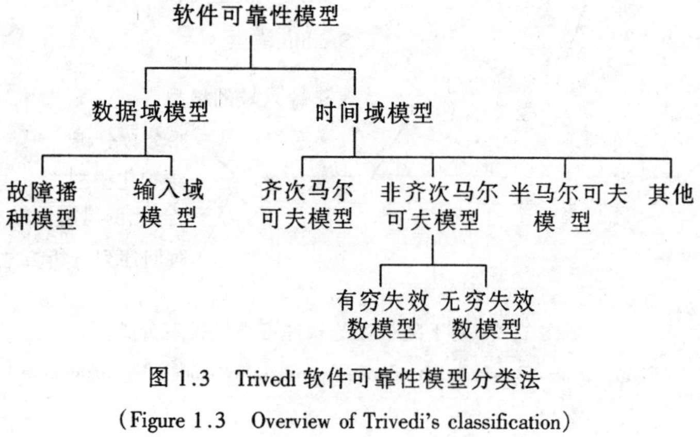

图 1.3 Trivedi 软件可靠性模型分类法

(Figure 1.3 Overview of Trivedi's classification)

同属性的模型分类法[13]和 Hoang Pham 给出的分类体系[20]，因篇幅所限这里不再详细叙述。

1.4 NHPP 类软件可靠性增长模型的现状与进展

1.4.1 NHPP 过程

NHPP 类软件可靠性增长模型是软件可靠性增长模型中最重要的一类，也是在当前软件可靠性增长模型领域研究最多，应用最广的一类。这类模型结构简单，在很多应用中都有良好的表现。NHPP 类软件可靠性增长模型是时间域模型，这类模型利用计数过程对软件的测试过程建模，假设软件失效的出现服从 NHPP 过程。下面给出计数过程、泊松过程、非齐次泊松过程的定义和相关的性质(参见参考文献[21])。

定义 1-9 计数过程(Counting process)：在$(0,t)$内出现事件 A 的总数组成的过程$\{N(t),t\geqslant 0\}$称为计数过程。

任何一个计数过程应该满足下列条件：

(1)$N(t)\geqslant 0$；

(2)$N(t)$是一个正整数；

(3)如果有两个时刻 s,t，并且 $s<t$，则 $N(s)\leqslant N(t)$；

(4)对于 $s<t$，$N(t)-N(s)$表示在时间间隔(s,t)内出现事件 A 的次数。

如果在不相交叠的时间间隔内出现事件 A 的次数是相互统计独立的，则该计数过程称为独立增量过程。

定义 1-10 泊松过程(Poisson process)：设有一随机的计数过程$\{N(t),t\geqslant 0\}$满足下列假设：

(1)从 $t=0$ 起开始观察事件，即 $N(0)=0$；

(2)该过程是一个独立增量过程；

(3)该过程为平稳增量过程,即计数过程中在(t_1, t_1+s)内出现事件A的次数仅与s有关而与t_1无关;

(4) $\Pr\{[N(t+\Delta t)-N(t)=1]\}=\lambda\Delta t+o(\Delta t)$,$\Pr\{[N(t+\Delta t)-N(t)]\geqslant 2\}=o(\Delta t)$,则称该计数过程为泊松过程。

定义 1-11 非齐次泊松过程(NHPP):设有一随机的计数过程$\{N(t),t\geqslant 0\}$满足下列假设:

(1) $N(0)=0$;

(2) $\{N(t),t\geqslant 0\}$是一个独立的增量过程;

(3) $\Pr\{[N(t+\Delta t)-N(t)=1]\}=\lambda(t)\Delta t+o(\Delta t)$,$\Pr\{[N(t+\Delta t)-N(t)]\geqslant 2\}=o(\Delta t)$,则称该计数过程为非齐次泊松过程。

定理 1-1 NHPP 过程$\{N(t),t\geqslant 0\}$在时间间隔$[t_0,t_0+t)$内出现A事件n次的概率:

$$\begin{aligned}&\Pr\{[N(t_0+t)-N(t_0)]=n\}\\&=\frac{[m(t_0+t)-m_0(t_0)]^n}{n!}e^{-[m(t_0+t)-m(t_0)]}\end{aligned} \tag{1-8}$$

其中$m(t)=\int_0^t\lambda(s)\mathrm{d}s$,$m(t)$表示事件$A$在时间段$(0,t)$内出现次数的期望值,$\lambda(s)$表示在时刻$s$,单位时间内$A$事件出现的次数。

推论 1-1 NHPP 过程$\{N(t),t\geqslant 0\}$在时间间隔$[t_0,t_0+t)$内A事件不出现的概率:

$$\Pr\{[N(t_0+t)-N(t_0)]=0\}=e^{-[m(t_0+t)-m(t_0)]} \tag{1-9}$$

推论 1-2 假设软件测试环境与软件的现场运行环境相同,并且测试时软件失效的出现服从 NHPP 过程,$m(t)$表示故障累计数的均值函数,在时间间隔$[t,t+x)$内软件不发生失效的概率,即软件可靠性:

$$R(x\mid t)=e^{-[m(t+x)-m(t)]} \tag{1-10}$$

从公式(1-10)可以看出,如果根据软件测试过程中获得的失效数据集,能够确定软件故障累计数的均值函数,就能够对软件在指定环境下、指定任务时间内的可靠性进行预测。可靠性预测的准确性,直接取决于这个均值函数。因此,NHPP 类软件可靠性增长模型研究的一项重要内容就是建立能够准确描述软件测试过程的故障累计数的均值函数。

1.4.2 NHPP 类软件可靠性增长模型的研究进展

关于软件可靠性研究的第一篇论文由 Hudson 发表于 1967 年[22]。1971 年 Jelinski 和 Moranda 首次提出了软件可靠性增长模型[23],1972 年他们利用这个模型分析了美国海军舰队计算中心的数据,取得了非常好的预测效果。1978 年 Goel 和 Okumoto 提出了 J-M 模型的改进模型,即 Goel-Okumoto 模型[24],简称 G-O 模型,它是一种 NHPP 模型。这个模型对 NHPP 类软件可靠性增长模型的发展和应用起了很大的作用,后来文献中提出的许多这类模型都是对 G-O 模型的假设条件进行改进的结果。

NHPP 类软件可靠性增长模型对软件失效过程用计数过程建模[25~27]。设软件测试时,故障的出现可以用计数过程 $\{N(t), t \geqslant 0\}$ 表示,$\{N(t), t \geqslant 0\}$ 服从非齐次泊松分布,密度函数为 $\lambda(t)$,均值函数为 $m(t)$。$\lambda(t)$ 表示 t 时刻软件的失效强度。$N(t)$ 表示到时刻 t 为止在软件中检测到的故障的累计数。$m(t)$ 表示从测试开始到时刻 t 检测到的故障数的期望值,因此 $m(t) = E[N(t)]$,并且

$$m(t) = \int_0^t \lambda(s)\mathrm{d}s \tag{1-11}$$

软件可靠性 $R(x|t)$ 表示软件在时间段内 $[t, t+x)$ 不发生失效的概率,具体形式如公式(1-10)所示。软件系统的可靠性不仅和 x 有关,而且和 t 有关,即 $\{N(t), t \geqslant 0\}$ 不是平稳增量过程,这也体现了测试过程中可靠性的增长。

特殊情况:

(1)当 $t = 0$ 时,$R(x \mid 0) = \mathrm{e}^{-m(x)}$;

(2)当 $t=\infty$ 时,$R(x\mid\infty)=1$。

文献中提供的很多软件可靠性增长模型都是利用 NHPP 描述随机失效过程。这些模型的区别在于失效强度函数 $\lambda(t)$,因此累计故障数的期望函数 $m(t)$也不相同。

NHPP 类模型还可以被进一步划分为两类:有穷失效数和无穷失效数。有穷失效数 NHPP 类模型假设在无限的测试时间内能够检测到的失效数是有限的,而无穷失效数 NHPP 类模型则假设在无限的测试时间内能够检测到的失效数是无限的。

国际上对 NHPP 类软件可靠性增长模型的研究非常活跃,到目前为止已经提出了数十种 NHPP 类的软件可靠性增长模型,包括 Yamada 指数不完美调试模型[28]、Yamada 线性不完美调试模型[28]、变形的 S－型模型[29]、延迟的 S－型模型[30]、Yamada 指数模型[31]、增强的 G－O 模型[8,32]、P－N－Z 模型[3]、P－Z 模型[33]、Z－P－T 模型[34]等。提高 NHPP 类软件可靠性增长模型的评估和预测精度是当前国际上软件可靠性工程领域研究的热点之一。通过完善模型的假设条件改进模型是提高模型评估和预测精度的有效方法。有些模型假设一旦发生软件失效,引起失效的软件故障立即被排除[29,35];一些模型[30,36]则考虑了软件实际测试过程中排错过程的不完美,例如,故障排除不彻底或在排错过程中引入新故障;有些模型假设故障检测率是一个与测试进度无关的常量[24,28];有些模型则考虑了软件测试人员的学习过程,假设故障检测率函数是一个关于测试时间的增函数[34,37~39];有些模型假设在排错过程中不会引入新的故障[3,29];有些模型则考虑了在排错过程中会因大量引入新代码而引入新的软件故障[40];有些模型考虑了故障之间不是独立的,存在着相关性[41,42];有些模型则在故障之间的相关性的基础上引进了排错延迟[43]。

1.4.3 考虑环境差别的NHPP类软件可靠性增长模型的研究进展

考虑软件测试环境与运行环境差别的软件可靠性增长模型的研究起步比较晚，但因实际需求的迫切性，近几年这方面的研究正在积极地从以下几个方向展开。

(1)利用环境因子(Environmental factor)降低因测试环境和运行环境的差别给软件可靠性评估精度造成的损失[40,44~49]。这种方法用一个随机变量表示环境因子，软件系统在运行环境下的故障检测率为测试环境下的故障检测率乘以环境因子。TengXiaolin 等还利用环境因子构造了一个 NHPP 类软件可靠性增长模型，Teng 等的方法是假设环境因子仅影响故障检测率并且环境因子不随时间变化。

(2)利用测试加速因子(Test - Acceleration factor)调整测试环境与运行环境的差别。Yashwant K. Malaiya 在他的一份讲稿中讲到了这种方法，该方法称测试环境下的软件失效率与运行环境下的软件失效率的比值为测试加速因子，从讲稿给出的加速因子的表现形式和所举示例来看，Yashwant K. Malaiya 认为测试加速因子是与时间无关的量。

(3)采用移动点(Change - Point)技术对软件可靠性进行分段评估。实际情况下，软件的失效分布可能会受到多种因素的影响，例如运行环境、测试方法和资源分配等，一旦这些因素发生变化，软件的失效强度函数就会发生变化，这就是移动点问题[51~54]。移动点技术的实质就是根据失效数据的变化趋势，对失效数据进行分段拟合。

国内从事软件可靠性评估技术研究的人员较少，研究主要集中于建立软件可靠性增长模型[55~58]，考虑测试剖面与运行剖面差别的软件可靠性增长模型的研究工作尚未有效展开。

1.5 当前研究工作存在的问题及相关技术领域

1.5.1 当前研究工作存在的问题

根据用户的需求，Yang B 等提出了测试可靠性的概念[59]，并且讨论了运用不同的可靠性概念对于软件资源发布的影响。但是，文献[59]只是给了两种可靠性比较的简单形式，并且这种简单的比较形式并不符合实际情况，其余的比较形式并没有给出，因此也就影响了用户在发布软件时的正确选择。

在考虑测试环境和运行环境的可靠性建模过程中，如果不考虑软件测试过程中引入故障的影响，最重要的参数就是故障检测率。当前的工作并没有对测试环境和运行环境中故障检测率进行定性和量化分析，因此也就没有进行建模。

软件测试环境和运行环境既有联系又有差别，在文献[44～49]中运用恒定的不随时间变化的环境因子将测试阶段和运行阶段的故障检测率联系起来。但是，在软件测试的过程中，环境因子是随时间变化的。因此，为了更好地进行软件可靠性的建模，应该分析和量化随时间变化的环境因子，并且将变化的环境因子融入到考虑测试与运行差别的软件可靠性增长模型中。

现有的软件可靠性建模一般都假设软件故障之间的独立性，很少考虑故障之间的相关性。在文献[41～43，60～62]中讨论了软件故障之间的相关性。但是当前的考虑相关故障的模型都没有考虑测试和运行环境的差别，而且这些软件可靠性增长模型中参数在实际测试过程中很难获取，另外，当前的考虑相关故障的软件可靠性增长模型只是将软件相关的故障分成两类，缺乏对故障相关性统一的分类。

1.5.2 相关技术领域

从用户的角度得到高可靠性软件是所有软件工程师的艰巨任务。关于系统可依赖性的相关概念,为得到可靠的软件系统需要以下四个技术领域。

(1)避错(Fault avoidance):通过构造(Construction)防止错误发生。

(2)排错(Fault removal):通过确认(Verification)和证实(Validation),检测错误的存在并消除错误。

(3)容错(Fault tolerance):通过冗余,在错误已经发生或正在发生时给出并规定相符的服务。

(4)错误/失效预报(Fault/Failure forecasting):通过计算,进行估计错误的存在以及失效的发生与结果,它是软件可靠性建模的中心内容。

1.避错

需求规格说明工程化,采用优秀的软件设计方法,强调结构化程序设计原则以及鼓励使用书写清晰的代码是在软件中避免错误的通用方法。这些指导原则已经成为并将继续作为防止产生软件错误的基本技术。

最近,形式化方法已被学术界广泛采用以解决软件质量问题。在形式化方法中,使用数学语言和工具开发并维护需求规格说明书。当前该领域的研究集中在语言问题和环境支持上,至少包括以下内容:

(1)用于系统精确求值的可执行规格说明;

(2)用于软件确认和证实的证明机制;

(3)按逐步求精法进行改进的开发过程;

(4)对规格说明或测试合等各项工作的正确性和适用性进行数学证明。

另一个在软件开发领域十分流行的避错技术是软件复用技术。在此领域决定性的成功测量准则是模型的能力和评价可复用综合技术。

这就是当前“面向对象”范式和技术得到充分重视的原因，主要是由于引入了软件复用的特性。

2.排错

当采用形式化方法时，可以采用形式化证明技术，完成对程序正确性的证明。监测说明（Fault-monitoring assertions）可通过可执行规格说明调用，而且可以自动生成测试，以确认软件效能。但在此之前，必须先依靠软件测试技术以消除存在的错误。对于可靠性工程师来说，关键问题是如何得到测试质量评价（如测试覆盖因子）以及建立它们与可靠性之间的联系。

目前，另一个在工业界广泛采用的排错方案是形式化监测（Formal inspection）。形式化监测是一个严格地查错、改错和证明正确性的过程。形式化监测是由一组高级技术人员在产品生命周期的预测期完成的。许多公司在这方面取得了成功。

3.容错

容错是计算机系统或软件系统所具有的生存特性，它使系统存有错误时仍具备继续向用户提供服务的能力。软件容错关心的是使系统能够容忍错误在软件开发后存在于软件中的所有必要方法。这些软件错误在系统运行时，可能会、也可能不会再表现出来，但当它们表现出来时，软件容错技术应能给软件系统提供防止失效发生的必要机制。

在单版本软环境中（Single-version），部分容忍软件设计错误的技术包括监控技术、操作元技术、决策确认技术和意外处理技术。为从激活的设计错误中完全恢复过来，可通过应用在系统中引入设计多样性（Design diversity）开发的多版本软件（Multiple version of software）以提供对软件设计错误的极大的容错能力。其主要方法有恢复块技术（Recorery blocks），N-版程序设计技术（N-version propgramming）和N自检程序设计技术（N self-checking）。这些方法在航天业、核能业、医疗工业、通信业以及地面交通业都得到了广泛应用。

4.错误/失效预报

错误/失效预报包括建立错误/失效关系,理解操作环境,建立可靠性模型,收集失效数据,通过工具使用可靠性模型,选择适当的可靠性模型,分析和解释结果,指导管理决策。

1.6 本论著的研究内容和结构

本论著主要研究测试剖面与运行剖面差别的 NHPP 类软件可靠性增长模型建模。作为研究的基础,首先讨论了测试剖面与运行剖面差别的软件测试可靠性与运行可靠性的比较,并且研究了考虑剖面差别的两种可靠性对软件最优发布的影响。仿真工具应用 Matlab 的统计学工具,应用最小二乘法,对所提出的各个软件可靠性增长模型,在公开发表的数据集上进行仿真。论著主要组织结构如图 1.4 所示。

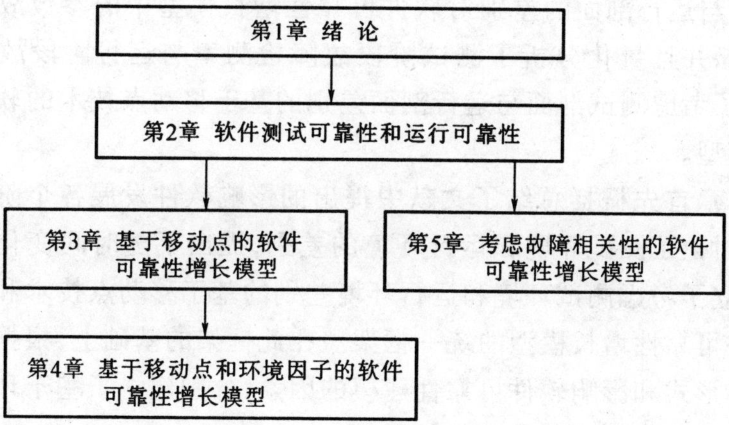

图 1.4　本论文的组织

(Figure 1.4　Organization of this dissertation)

本论著共分为5章。

第1章介绍论文背景及相关研究。首先介绍了软件可靠性增长模型的数学基础,其次介绍了软件可靠性增长模型的基本概念、综述了国内外软件可靠性模型分类,介绍了NHPP过程,综述了考虑测试和运行差别的NHPP类软件可靠性增长模型的发展现状和当前研究存在的主要问题;最后概述了本文的主要研究内容和结构。

第2章首先根据测试可靠性和运行可靠性的概念,重点讨论了软件测试剖面和运行剖面的差别,根据实际数据验证得到软件测试阶段测试覆盖率与运行阶段测试覆盖率,从而以测试覆盖率量化说明了测试剖面与运行剖面的差别。在此基础上给出了几种运行阶段失效率的几种形式,然后量化分析了测试可靠性与运行可靠性的差别,研究这两种可靠性对软件发布时间的影响,并且应用实例进行说明这种影响。

第3章首先介绍了软件可靠性建模中应用的移动点技术,以及具有移动点的NHPP类软件可靠性增长模型的参数估计方法。然后分析了测试剖面与运行剖面的差别对软件可靠性增长模型中的参数故障检测率的影响,并且量化分析了测试阶段故障检测率与运行阶段故障检测率,建立了考虑测试剖面与运行剖面差别的基于移动点技术的软件可靠性增长模型。

第4章首先概括总结了文献中提出的影响软件发展各个阶段的环境因素,讨论了测试环境和运行环境的差别,提出了随时间变化的环境因子,建立了考虑测试环境和运行环境差别的基于移动点技术和环境因子的软件可靠性增长模型的统一框架。在此框架的基础上,根据环境因子的具体形式和影响软件可靠性建模的因素,分别建立了基于环境因子与移动点技术的软件可靠性增长模型TEO-SRGM、PTEO-SRGM。软件的测试阶段也存在移动点,将环境因子扩展到软件的测试阶段,建立了测试阶段基于移动点和环境因子的软件可靠性增长模型。

第5章主要研究了软件故障相关性,并且量化分析了故障相关性对测试阶段故障检测率和运行阶段故障检测率的影响。在图论基础上，定义了故障之间相关的关系，提出了相关故障出现率的概念，并且进行了定性说明。最后建立了考虑故障相关性及测试和运行差别的软件可靠性增长模型。

第2章　软件测试可靠性和运行可靠性

2.1 引　　言

软件测试是提高软件质量的重要手段。软件可靠性测试（Software reliability testing，以下简称 SRT）也称基于运行的测试（Operational testing），是为了验证或达到软件可靠性要求而对软件进行的测试[63]。随着软件测试的进行，软件中的故障不断被排除，软件的失效强度也会随之降低，因此软件可靠性不断地增长。软件可靠性增长模型是由软件可靠性测试得到的结果，评估和预测软件可靠性的重要工具。应用软件可靠性增长模型得到的软件可靠性并不是用户需求的运行阶段的可靠性。在实际情况中，测试可靠性与运行可靠性经常被混淆甚至不恰当的应用。绝大多数的 NHPP 类软件可靠性增长模型中所采取的软件可靠性标准都是测试可靠性[24,31,64~67]，只有少数的文献研究中提到运行可靠性标准[68,69,70]。Yang B 等给出了测试可靠性与运行可靠性的概念，对测试可靠性和运行可靠性进行了量化分析比较，然后分析了这两种可靠性对软件最优发布时间的影响[59]。

Yang B 等在计算运行可靠性时，用软件可靠性增长模型预测的运行阶段失效强度代替了实际的运行阶段的失效强度[59]。在软件测试阶段，由于加速测试的影响，用软件可靠性增长模型预测所得到的运行阶段软件失效强度很难真实地反映软件在实际运行阶段的失效强度[47]。另外，实际情况下，软件的操作行为不同，即采用了以前未使用过的新功能或者使用了与以往不同的测试方法[5]，那么过去的失效数据将不会反映这些变化，因而应用软件可靠性增长模型也不可能得到准确的运行阶段失效率这一预测结果。

本章首先根据测试可靠性和运行可靠性的概念，研究测试剖面和运行剖面的差别，在此基础上给出了几种运行阶段失效率的形式，然后量化分析了测试可靠性与运行可靠性的差别，研究这两种可靠性对软件发布时间的影响，并且应用实例说明这种影响。

2.2　软件测试剖面与运行剖面的差别分析

2.2.1　软件测试剖面与运行剖面的差别

软件的运行剖面是对如何使用一个软件系统的一个定量的描述[71]，有的文献更明确地将其定义为软件系统的操作及其出现的概率组成的全集[4]，或输入事件出现的概率分布[72]。考虑到软件运行环境的极度不均匀，有些文献[73~75]指出：操作剖面除了要包含最常用的属性，还必须包含操作环境的信息、操作环境中其他应用的信息和应用使用的外部数据。2003年，Mechelle Gittens 等提出了一个扩充的操作剖面模型(简称 EOP)，EOP 包含了以下三部分[76]：

(1)典型用户环境下的操作及其出现的频率；

(2)运行指定应用的系统的结构，被运行的指定应用的配置和结构；

(3)用户给指定应用的输入值，软件的运行剖面是对如何使用一个软件系统的一个定量的描述。

输入点出现的概率可以从两个方面考虑，在测试阶段，一个是测试方法，一个是测试用例数，测试用例数代表了软件的测试强度。如果只考虑测试方法，测试阶段输入点的概率只与测试方法有关。

如果将程序看成是输入空间到输出空间的映射，软件测试就是执行程序输入空间的某些输入点去验证程序能否按指定的功能运行。由于输入空间非常大，输入点的选择不可能穷尽整个输入空间。因此，在软件测试过程中，人们利用多种测试方法如功能测试或结构测试，将输入域划分成多个子域，使得测试用例集尽可能覆盖软件输入空间的一系列子域。软件测试的目的就是要提高软件的可靠性，随着故障的不断定位和排除，软件的可靠性不断地增长，软件可靠性的增长依赖于输入域中输入点的选择[77]。对于用户来说，他们关注的是运行可靠性，因此输入域中的元素要代表用户在运行剖面下的输入点，由此就产生了基于运行剖面的测试。然而，基于运行剖面的测试在资源、时间上的耗费高得惊人。为了降低成本，在尽可能短的时间内获得最大的故障覆盖率，人们就采用多种测试方法如分支测试、路径测试、结构测试，使用多种测试准则如语句覆盖、分支覆盖和数据流覆盖准则，利用多种测试工具，这样的测试通常会加速软件的失效。由于加速测试的影响，显然测试阶段输入域中输入点选择的分布和运行剖面下分布是不同的。

抛开加速测试的影响，不同的测试方法对软件可靠性的影响是不同的，Mei-Hwa Chen 对软件分别利用随机测试、功能测试和分支测试方法，使用同一个可靠性增长模型估计软件可靠性，得到了不同的可靠性估计数值[78]。不同的测试方法对软件可靠性的影响是由于输入点的选择有差异，这样就会形成不同的测试剖面。另外，对于含有意外处理的软件，如按照运行剖面对软件系统进行常规测试，为处理意外事件编写的那部分软件被执行的概率会非常低，其中包含的软件缺陷很难被发现，在实际的测试中，要设计很多测试用例来测试意外处理模块，因此在这种情况下，输入点的选择分布和运行剖面下分布也是不同的。

下面，我们给出测试剖面与运行剖面的差别定义。

假设 $D_o = (d_1, d_2, \cdots, d_n)$，其中 D_o 代表运行剖面的输入域，$d_1, d_2, \cdots, d_n$ 代表运行剖面输入域中的输入元素的概率值。$D_t = (t_1, t_2, \cdots, t_n)$，其中 D_t 代表测试剖面的输入域，$t_1, t_2, \cdots, t_n$ 代表测试剖面输入域

中的输入元素的概率值。其中,d_i 与 t_i 分别代表运行剖面与测试剖面下同一个输入元素的概率值。那么,测试剖面与运行剖面的差别:

$$|d| = \sqrt{(d_1 - t_1)^2 + (d_2 - t_2)^2 + \cdots + (d_n - t_n)^2} \qquad (2-1)$$

软件测试覆盖率定量地描述了软件测试的程度,具有剖面的差异测试覆盖率能够描述软件测试的效率[79]。软件测试致力于发现软件中的故障,测试技术的有效使用导致非随机测试时软件的失效强度比现场情况下要高,这与软件测试阶段测试覆盖率和测试技术的有效使用有关。如果软件的运行阶段允许故障的排除,并且按照运行剖面测试,运行阶段测试覆盖率要比测试阶段测试覆盖率低。软件可靠性增长模型利用软件测试时软件失效的历史信息,预测软件实际工作时的现场行为。如果只考虑测试阶段测试覆盖率而不考虑运行阶段测试覆盖率,就会造成软件可靠性的预测值与实际值不一致。下面我们通过实例来验证测试阶段和运行阶段测试覆盖率的差异,说明测试剖面与运行剖面的差别。

2.2.2 实例说明

总的来说软件的测试覆盖率衡量了被测软件中包含的全部潜伏故障点被某个测试过程覆盖的程度。潜伏故障点是指程序中的某种结构或功能单元,与软件测试中使用的测试准则相关。Swapna S. Gokhale 和 Kishor S. Trivedi 提出了测试覆盖率的一个广义定义和一个基于测试覆盖的 NHPP 类软件可靠性增长模型框架 ENHPP[26]。

测试覆盖率:给定的软件产品和与其相关的软件测试用例的集合,测试覆盖率 $c(t)$ 定义为到时刻 t 为止,被激活的潜伏故障点占软件中全部故障点的比例。

通用框架的形式如下:

$$m(t) = ac(t) \qquad (2-2)$$

$$\lambda(t) = \frac{\mathrm{d}m(t)}{\mathrm{d}t} = ac'(t) \qquad (2-3)$$

根据方程(2-2)和(2-3):

$$\lambda(t)=[a-m(t)]\frac{c'(t)}{1-c(t)} \tag{2-4}$$

其中 $c(t)$表示测试覆盖率,$c'(t)$表示 $c(t)$的导数。

(1)当 $c(t)=1-e^{-bt}$时,这个通用框架转化为G-O模型;

(2)当 $c(t)=1-e^{-bt^c}$时,这个通用框架转化为增强的G-O模型;

(3)当 $c(t)=1-(1-bt)e^{-bt}$时,这个通用框架转化为S-形模型。

有些学者建立了测试覆盖率矩阵的形式描述了测试阶段的多个阶段的软件可靠性增长模型,覆盖率函数采取两种形式[80]。

(1)快速形:$c(t)=c-ae^{-bt}$。这种形式适合测试过程覆盖率变化较快。其中,c,a,b表示测试环境,c代表软件测试实际所能达到的覆盖率$0\leqslant c\leqslant 1$,$c-a$代表初始覆盖率,$0\leqslant a\leqslant c$,b代表测试速度,b越大,覆盖的越快。

(2)平均形:$c(t)=c-\frac{a}{e^{bt}+e^{-bt}}$,这里的参数解释同快速形。这种形式表示测试覆盖率开始变化较慢,然后随着测试者对软件的逐渐了解和掌握,覆盖率的变化较快。

下面,根据测试覆盖率软件可靠性模型的通用框架形式,推导测试与运行两个阶段的软件可靠性增长模型,然后,根据实际数据验证,得到测试覆盖率与运行覆盖率的具体形式。

在软件测试阶段,绝大多数软件可靠性增长模型都会考虑测试者的学习过程,因此软件测试阶段测试覆盖率形式采取平均形,测试阶段的初始测试覆盖率为0。测试阶段测试覆盖率形式:

$$c_t(t)=c_t-\frac{2\cdot c_t}{e^{bt}+e^{-bt}} \tag{2-5}$$

测试阶段故障累计数均值函数:

$$m_t(t)=ac_t(t) \tag{2-6}$$

公式(2-6)中 $m_t(t)$代表软件最终检测的故障数。

假设软件在时刻 T 进行发布,然后进入软件的运行阶段。在软件的运行阶段,软件的测试严格按照运行剖面进行,采取随机测试方式。软件运行阶段的初始测试覆盖率为0,运行阶段测试覆盖率:

$$c_o(t) = c_o - c_o e^{-b_o(t-T)}, \quad t \geqslant T \tag{2-7}$$

运行阶段能够最终检测的故障数:

$$a_o = a - m_t(T) \tag{2-8}$$

运行阶段能够检测的累计故障数的均值函数:

$$m_o(t) = a_o c_o(t), \quad t \geqslant T \tag{2-9}$$

这里,由于这个模型是考虑测试覆盖率的基于移动点的软件可靠性增长模型,我们简称 CTO-SRGM。用公开发表的数据求解 CTO-SRGM 在这组数据参数[49],参数值如下:

$$a = 237.9 \quad b = 0.073\,99 \quad a_o = 53.9$$

$$c_t = 0.889\,8 \quad c_o = 0.831\,1 \quad b_o = 0.014\,25$$

测试阶段测试覆盖率的具体形式:

$$c_t(t) = 0.889\,8 - \frac{2 \times 0.889\,8}{e^{0.073\,99t} + e^{-0.073\,99t}} \tag{2-10}$$

运行阶段测试覆盖率的具体形式:

$$c_o(t) = 0.831\,1 - 0.831\,1 e^{-0.014\,25(t-T)}, \quad t \geqslant T \tag{2-11}$$

从上面两个式子的具体形式可以得到,测试阶段达到的测试覆盖率为0.889 8,运行阶段所能达到的测试覆盖率0.831 1,并且测试阶段测试速度为0.073 99,要大于运行阶段的测试速度0.014 25。

2.3 软件测试可靠性与运行可靠性分析

2.3.1 软件可靠性参数

为提高软件可靠性评估与预测结果的准确性,首先需正确给出要评价的可靠性参数,软件可靠性参数如下。

1.可靠性

有的文献称其为可靠度,是关于软件失效行为的概率描述,定义见1.3节。根据定义,系统在任务时间$[t,t+x)$内的可靠性:

$$R(x|t)=\Pr\{\text{在时间段}[t,t+x)\text{内不发生失效}\} \tag{2-12}$$

这个参数适用于特别不希望出现失效的系统,如过程控制系统和航空电子系统[81]。也可以定义系统完成单个任务的可靠性,即任务可靠性(Transactions reliability):

$$R_{trans}=\Pr\{\text{单个任务不发生失效}\} \tag{2-13}$$

2.失效强度

指软件系统在时刻 t 单位时间内的失效数,通常用 $\lambda(t)$表示。增长模型常常直接给出失效强度的变化规律,因此用失效强度作为参数比较直接,AT&T公司在软件开发中就使用失效强度。这个参数适用于失效发生频率比较重要的系统[81]。

3.平均失效前时间(MTTF)/平均失效间隔时间(MTBF)

对于软件系统,MTTF和MTBF没有本质的差异。由于软件不修改,且使用剖面也不变时软件的失效特性不变,此时当前状态的软件的MTTF即为保持当前软件状态不变的软件的MTBF,因此,多数文献不区分MTTF和MTBF,而都用MTTF表示。使用比较稳定的软件可以用MTTF作为软件可靠性参数[81]。

其他的可靠性参数还包括软件中的初始故障数、已排除的故障数、剩余故障数和下一次故障发生的时间等,有时软件可用性也作为可靠性参数使用[19]。

2.3.2 测试可靠性与运行可靠性的概念

由于软件测试剖面与运行剖面存在的差别,因此要正确区分测试可靠性与运行可靠性的概念。Yang B 等学者提出的测试可靠性和运行可靠性[59]定义如下。

测试可靠性[59]:在软件的测试阶段,在指定的时间内,给定的条件下软件不引起系统失效的概率。

运行可靠性[59]:在软件的运行阶段,在指定的时间内,给定的条件下软件不引起系统失效的概率。

假设软件的失效过程遵循 NHPP 过程。用 $N(t)$表示到时该 t 累计得到的失效数,均值函数用 $m(t)$表示,用 $\lambda(t)$表示失效强度函数,到时刻 t 单位时间内的失效数。在测试阶段,由于故障的不断被排除,因此测试阶段可靠性是不断增长的。如果时间段$[s,s+x)$是在测试阶段,根据 NHPP 过程的定义,由定理 1-1 可以得到 $\Pr\{[N(s+x)-N(s)]=0\}=e^{-[m(t+x)-m(t)]}$,因此,测试阶段$[s,s+x)$的可靠性:

$$R_{te}(x|s)=\Pr\{N(s+x)-N(s)=0\}=\exp\{-[m(s+x)-m(s)]\} \tag{2-14}$$

当软件尚未发布,时间段$[s,s+x)$没有超出测试阶段,公式(2-14)只能评估测试阶段的可靠性,将公式(2-14)中的软件可靠性称为软件测试可靠性。

如果软件测试了 s 单元时间后发布软件,进入现场运行阶段。很少有软件在失效率递增时进行发布,因此,运行阶段失效强度函数不可能呈现递增的形式,运行阶段的失效强度函数只能是递减或者常数形式。假设运行阶段的失效强度函数用 $\lambda_o(t)$表示,如果时间段$[s,s+x)$是在运行阶段,根据 NHPP 过程的定义,由定理 1-1 可以得到运行阶段$[s,s+x)$的可靠性:

$$R_{op}(x|s)=\Pr\{N(s+x)-N(s)=0\}=\exp\left\{-\int_s^{s+x}\lambda_o(t)\mathrm{d}t\right\} \tag{2-15}$$

上一节我们讨论分析了测试剖面与运行剖面的差别,假设测试阶段的失效强度呈现递减的趋势,软件测试阶段和软件运行阶段的失效强度的变化形式分两种情况讨论：

(1)对于可维修系统，或者在软件 beta 测试阶段允许有故障的排除，测试阶段和运行阶段失效强度变化形式如图 2.1(a)所示，其中，$\lambda_o^1(t)$和$\lambda_o^2(t)$分别表示运行阶段可能的失效强度变化形式；

(2)对于不可维修系统，故障的排除是很少的，因此从用户的观点看，在运行阶段几乎经历了常数的失效强度[58]，如图 2.1(b)所示，其中，λ_o^1，λ_o^2 和 λ_T 分别表示运行阶段的可能的失效强度形式。

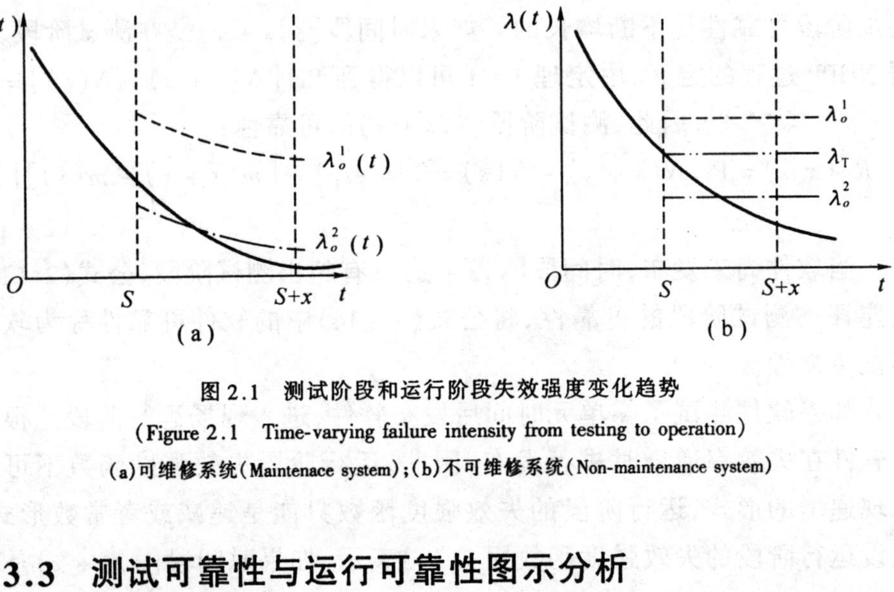

图 2.1　测试阶段和运行阶段失效强度变化趋势

(Figure 2.1　Time-varying failure intensity from testing to operation)

(a)可维修系统(Maintenace system)；(b)不可维修系统(Non-maintenance system)

2.3.3　测试可靠性与运行可靠性图示分析

从测试过程看，理想条件下，软件的测试是根据用户的操作剖面，在软件系统的测试环境和终端用户使用环境相似的条件下进行，使用多种测试方法，如边界值测试、等价类测试，考虑到测试覆盖率的基于路径测试等，运用足够的时间得到尽可能合理的失效率的估计值，从而对软件的可靠性做一个统计上的可信估算。然而，基于运行剖面的测试在资源、时间上的耗费高得惊人。为了降低成本，在尽可能短的时间内获得最大的故障覆盖率，通常是在一个伪操作剖面下对软件作测试，有时甚至使用模拟的硬件环境，因此，测试环境会加速软件的失效过程，从而导致了悲观地估计了操作阶段的失效强度，也造成了软件可靠性的预测值和实际值不一致[47]。另外，实际情况下，软件的操作行为不同，即采用了以前未使用过的新功能或者使用了与以往不同的测试方法[5]，那么过去的失效数据将不会反映这些变化，因而应用软件可靠性增长模型也不可能得到准确的运行阶段失效率这一预测结果。

假设在测试阶段发布软件时间 T 的失效强度用 λ_T 表示，实际运行阶段的失效强度用 λ_o 表示，文献[58]在讨论不可维修系统测试可靠性和运行可靠性的时候，认为 $\lambda_o=\lambda_T$[58]。根据2.3.2节分析的测试阶段和运行阶段失效强度变化形式可知，文献[58]对运行可靠性的分析有失准确性。图2.1(a)所示的可维修系统的情况，类似于图2.1(b)的讨论分析，为简单起见，本文只分析图2.1(b)的情况。对于图2.1(b)不可维修系统，软件测试阶段失效强度和运行阶段失效强度的关系可以用图2.2表示，实际运行阶段的失效强度 λ_o 可能为 λ_{ou}、$\lambda(t_E)$ 和 λ_{od} 三种形式，下面详细讨论分析这三种情况。

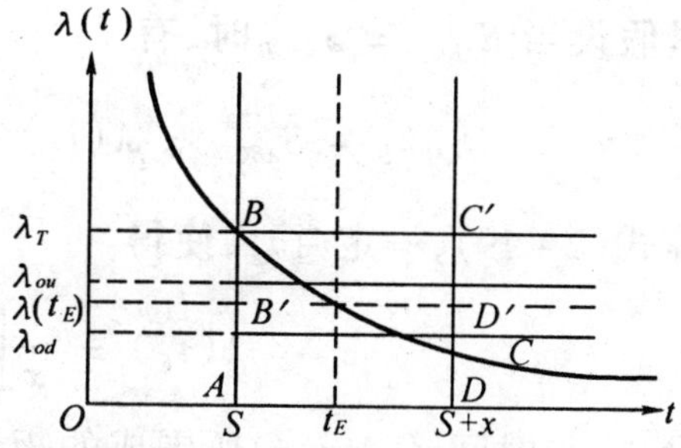

图2.2　当失效率递减时测试可靠性和运行可靠性

(Figure 2.2　The testing reliability and operational reliability when $\lambda(t)$ is strictly decreasing)

用图2.2分析当失效强度递减时测试可靠性和运行可靠性，可得到如下结论。

如果用图2.2所示的失效强度表示测试阶段的可靠性，可表示为

$$R_{te}(x|s)=\exp\{-[m(s+x)-m(s)]\}=\exp\left[-\int_s^{s+x}\lambda(t)\mathrm{d}t\right]$$

$$= \exp(-S_{ABCD}) \tag{2-16}$$

由运行可靠性定义(2-15),当 $\lambda_o=\lambda_T=\lambda(s)$时,此时运行阶段的可靠性可用如下等式表示

$$R_{op}(x|s)=\exp[(-\lambda_T)x]=\exp[-S_{ABC'D}] \tag{2-17}$$

其中,$S_{ABC'D}$代表图 2.2 中 λ_T 与时间$[s,s+x)$所围成的矩形面积。由图 2.2可以得到

$$S_{ABC'D}>S_{ABCD} \tag{2-18}$$

这里假设当 $S_{ABC'D}=S_{ABCD}$时,有

$$S_{ABC'D}-S_{ABCD}=\lambda(t_E)\cdot x-\int_s^{s+x}\lambda(t)\mathrm{d}t=0 \tag{2-19}$$

由等式(2-19),一定 $\exists\, t_E$,使得

$$\lambda(t_E)=\frac{1}{x}\int_s^{s+x}\lambda(t)\mathrm{d}t \tag{2-20}$$

假设 λ_o 与时间$[s,s+x)$所围成的矩形面积为 S_o,那么

$$R_{op}(x|s)=\exp(-S_o) \tag{2-21}$$

因此,分以下三种情况讨论:

(1)当 $t<t_E$ 时,$\lambda_o=\lambda_{ou}$,$S_o>S_{ABCD}$;

(2)当 $t=t_E$ 时,$\lambda_o=\lambda(t_E)$,$S_o=S_{ABCD}$;

(3)当 $t>t_E$ 时,$\lambda_o=\lambda_{od}$,$S_o<S_{ABCD}$。 (2-22)

2.4 测试可靠性与运行可靠性的比较

在测试阶段,若均值函数 $m(t)$是指数型的,则失效强度函数 $\lambda(t)$是单调递减的;若均值函数 $m(t)$是 S 型的,则失效强度函数 $\lambda(t)$是先增后减的。下面就失效强度的两种形式给出如下的定理。

定理 2-1 对任何的 $T\geqslant 0$ 和 $x>0$,当 $t<t_E$ 也即 $\lambda_o=\lambda_{ou}$,$\lambda(t)$对

任何的 t 都是严格递减时，有 $R_{op}(x|T)<R_{te}(x|T)$。

证明：因为由等式(2－21)，即 $R_{OP}(x|s)=\exp[-S_o]$，等式(2－16)，$R_{te}(x|s)=\exp\left[-\int_s^{s+x}\lambda(t)\mathrm{d}t\right]=\exp(-s_{ABCD})$，又由等式(2－22)，$S_o>S_{ABCD}$，因此，$R_{OP}(x|s)=\exp(-S_o)<R_{te}(x|s)=\exp\left[-\int_s^{s+x}\lambda(t)\mathrm{d}t\right]=\exp(-S_{ABCD})$。

定理 2－2　对任何的 $T\geqslant 0$ 和 $x>0$，当 $t=t_E$ 也即 $\lambda_o=\lambda(t_E)$，$\lambda(t)$ 对任何的 t 都是严格递减时，那么 $R_{op}(x|T)=R_{te}(x|T)$。

定理 2－3　对任何的 $T\geqslant 0$ 和 $x>0$，当 $t>t_E$ 也即 $\lambda_o=\lambda_{od}$，$\lambda(t)$ 对任何的 t 都是严格递减时，有 $R_{op}(x|T)>R_{te}(x|T)$。

定理 2－2 和定理 2－3 证明同定理 2－1。

定理 2－4　对任何的 $T\geqslant 0$ 和 $x>0$，当 $\lambda(t)$ 是先增后减时，假设 T_0 表示均值函数 $m(t)$ 的拐点，那么

(1)如果 $T_0\leqslant T$，那么 $R_{op}(x|T)$ 和 $R_{te}(x|T)$ 的关系讨论和上述定理 2－1、定理 2－2、定理 2－3 的讨论相一致；

(2)如果 $T_0>T$，那么 $\exists\, T_1$，使得 $\lambda(T)=\lambda(T_1)$，$T_1>T$，讨论如下：

①如果 $T_1\geqslant T+x$，那么 $R_{op}(x|T)<R_{te}(x|T)$；

②如果 $T_1<T+x$，那么

$$\begin{cases} R_{op}(x|T)>R_{te}(x|T) & \text{如果 } M<0 \\ R_{op}(x|T)=R_{te}(x|T) & \text{如果 } M=0 \\ R_{op}(x|T)<R_{te}(x|T) & \text{如果 } M>0 \end{cases}$$

其中 $M=\lambda_o x-m(T+x)+m(T)$。

软件可靠度的绝大多数情况都和定理 2－1、定理 2－2、定理 2－3 和定理2－4的情况相类似，很少有软件在失效强度还在增长的阶段发布，因而定理 2－4 的第二种情况几乎不会出现，为了完整性而包括在内。

2.5 测试和运行可靠性对软件最优发布的影响

当一个软件开发完成后，能否投入运行，软件的质量要求是关键问题。软件质量的重要特性就是软件的可靠性，软件测试时间越长，软件的质量越高，软件的可靠性就越高。同时软件的测试对开发成本和软件的交付时间有很大的影响。什么时候停止测试发布软件，发布后的软件在运行阶段可靠性是否满足用户需求是一个重要的问题。用户更关注的是运行阶段的可靠性，因此用不同的可靠性概念会影响软件的最优发布和软件的测试成本。

软件在测试和操作期间总的成本用 $C(T)$表示，R_0 表示用户需求的软件可靠性，那么软件最优发布问题通常用下面的公式表示：

$$\min\{C(T)\} \tag{2-23}$$

满足

$$R(x|T) \geqslant R_0 \tag{2-24}$$

公式(2-24)软件测试阶段的可靠性可表示：

$$\exp\{-[m(T+x)-m(T)]\} \geqslant R_0 \tag{2-25}$$

公式(2-21)软件运行阶段的可靠性可表示：

$$\exp[-\lambda_o x] \geqslant R_0 \tag{2-26}$$

由式(2-23)和(2-25)共同构成了测试阶段最优发布原则，式(2-23)和(2-26)共同构成了操作阶段最优发布原则，定义如下：

T_R^1 满足式(2-22)的最小值，$T_R^1 \geqslant 0$；

T_R^2 满足式(2-23)的最小值，$T_R^2 \geqslant 0$；

T_C 满足式(2-20)的最小值，$T_C \geqslant 0$；

T_{p1}^* 满足测试阶段最优发布值；

T_{p2}^* 满足运行阶段最优发布值。

定理2-5 当 $t < t_E$ 也即 $\lambda_o = \lambda_{ou}$，如果 $\lambda(t)$ 对任何的 t 都是严格递减时，有下面三种情况：

(1)如果 $R_{op}(x|0) \geqslant R_0$，那么 $T_{p1}^* = T_{p2}^* = T_c$；

(2)如果 $R_{te}(x|0) \geqslant R_0 > R_{op}(x|0)$，那么 $T_{p1}^* = T_c$，$T_{p2}^* = \max\{T_c, T_R^2\}$；

①$T_c \geqslant T_R^2$，那么 $T_{p1}^* = T_{p2}^* = T_c$；

②$T_c < T_R^2$，那么 $T_{p1}^* = T_c < T_{p2}^* = T_R^2$；

(3)如果 $R_{te}(x|0) < R_0$，那么 $T_{p1}^* = \max\{T_c, T_R^1\}$，$T_{p2}^* = \max\{T_c, T_R^2\}$；

①如果 $T_c \geqslant T_R^2$，那么 $T_{p1}^* = T_{p2}^* = T_c$；

②如果 $T_R^1 < T_c < T_R^2$，那么 $T_{p1}^* = T_c < T_{p2}^* = T_R^2$；

③如果 $T_c \leqslant T_R^1$，那么 $T_{p1}^* = T_R^1 < T_{p2}^* = T_R^2$。

定理2-6 当 $t = t_E$ 也即 $\lambda_o = \lambda(t_E)$，$\lambda(t)$ 对任何的 t 都是严格递减时，讨论情况和定理2-5相同。

定理2-7 当 $t > t_E$ 也即 $\lambda_o = \lambda_{od}$，$\lambda(t)$ 对任何的 t 都是严格递减时，有下面三种情况：

(1)如果 $R_{te}(x|0) \geqslant R_0$，那么 $T_{p1}^* = T_{p2}^* = T_c$；

(2)如果 $R_{op}(x|0) \geqslant R_0 > R_{te}(x|0)$，那么 $T_{p1}^* = \max\{T_c, T_R^1\}$，$T_{p2}^* = T_c$；

①如果 $T_c \geqslant T_R^1$，那么 $T_{p1}^* = T_{p2}^* = T_c$；

②如果 $T_c < T_R^1$，那么 $T_{p2}^* = T_c < T_{p2}^* = T_R^1$；

(3) $R_{op}(x|0) < R_0$，那么 $T_{p1}^* = \max\{T_c, T_R^1\}$，$T_{p2}^* = \max\{T_c, T_R^2\}$；

①如果 $T_c \geqslant T_R^1$，那么 $T_{p1}^* = T_{p2}^* = T_c$；

②如果 $T_R^2 < T_c < T_R^1$，那么 $T_{p2}^* = T_c < T_{p1}^* = T_R^1$；

③如果 $T_c \leqslant T_R^2$，那么 $T_{p2}^* = T_R^2 < T_{p1}^* = T_R^1$。

定理 2－7 的证明：当 $t > t_E$ 也即 $\lambda_o = \lambda_{od}$，由定理 2－3，$T \geqslant 0$ 和 $x > 0$，$R_{op}(x|T) > R_{te}(x|T)$。

(1)如果 $R_{te}(x|0) \geqslant R_0$，那么 $R_{op}(x|T) > R_{te}(x|T) \geqslant R_0$。因为测试阶段最优解和操作阶段最优解不受可靠度的限制，所以 $T_{p1}^* = T_{p2}^* = T_c$。

(2)如果 $R_{op}(x|0) \geqslant R_0 > R_{te}(x|0)$，和情况(1)类似，操作阶段满足可靠度的要求，因此操作阶段的最优解只要满足 $C(T)$ 的条件即可，$T_{p2}^* = T_c$，测试阶段要满足 $T_{p1}^* = \max\{T_c, T_R^1\}$。

(3)如果 $R_{op}(x|0) < R_0$，因为测试阶段最优解和操作阶段最优解都受可靠度的限制，那么 $T_{p1}^* = \max\{T_c, T_R^1\}$，$T_{p2}^* = \max\{T_c, T_R^2\}$。

定理 2－5 和定理 2－6 证明类似定理 2－7。

定理 2－8 对任何的 $T \geqslant 0$ 和 $x > 0$，当 $\lambda(t)$ 是先增后减时，假设 T_0 表示均值函数 $m(t)$ 的拐点，如果 $T_0 \leqslant T$，当 $t > t_E$ 也即 $\lambda_o = \lambda_{od}$，那么

(1)如果 $R_{te}(x|T_0) \geqslant R_0$，那么 $T_{p1}^* = T_{p2}^* = \max\{T_c, T_0\}$；

(2)如果 $R_{op}(x|T_0) \geqslant R_0 > R_{te}(x|T_0)$，那么 $T_{p1}^* = \max\{T_c, T_R^1\}$，$T_{p2}^* = \max\{T_c, T_0\}$；

①如果 $T_c \geqslant T_R^1$，那么，$T_{p1}^* = T_{p2}^* = T_c$；

②如果 $T_0 < T_c < T_R^1$，那么 $T_{p2}^* = T_c < T_{p1}^* = T_R^1$；

③如果 $T_c \leqslant T_0$，那么 $T_{p2}^* = T_0 < T_{p1}^* = T_R^1$；

(3)如果 $R_{op}(x|T_0) < R_0$，那么 $T_{p2}^* = \max\{T_c, T_R^2\}$，$T_{p1}^* = \max\{T_c, T_R^1\}$；

①如果 $T_c \geqslant T_R^1$，那么 $T_{p2}^* = T_{p1}^* = T_c$；

②如果 $T_R^2 < T_c < T_R^1$，那么 $T_{p2}^* = T_c < T_{p1}^* = T_R^1$；

③如果 $T_c < T_R^2$，那么 $T_{p2}^* = T_R^2 < T_{p1}^* = T_R^1$。

定理 2－9 对任何的 $T \geqslant 0$ 和 $x > 0$，当 $\lambda(t)$ 是先增后减时，假设 T_0 表示均值函数 $m(t)$ 的拐点，如果 $T_0 \leqslant T$，$t \leqslant t_E$，也即 $R_{op}(x|T_0) \leqslant$

$R_{te}(x|T_0)$,那么

(1)如果 $R_{op}(x|T_0) \geqslant R_0$,那么 $T_{p1}^* = T_{p2}^* = \max\{T_c, T_0\}$;

(2)如果 $R_{te}(x|T_0) \geqslant R_0 > R_{op}(x|T_0)$,那么 $T_{p1}^* = \max\{T_c, T_0\}$,$T_{p2}^* = \max\{T_c, T_R^2\}$;

①如果 $T_c \geqslant T_R^2$,那么 $T_{p1}^* = T_{p2}^* = T_c$;

②如果 $T_0 < T_c < T_R^2$,那么 $T_{p1}^* = T_c < T_{p2}^* = T_R^2$;

③如果 $T_c \leqslant T_0$,那么 $T_{p1}^* = T_0 < T_{p2}^* = T_R^2$;

(3)$R_{te}(x|T_0) < R_0$,$T_{p1}^* = \max\{T_c, T_R^1\}$,$T_{p2}^* = \max\{T_c, T_R^2\}$;

①如果 $T_c \geqslant T_R^2$,那么 $T_{p1}^* = T_{p2}^* = T_c$;

②如果 $T_R^1 < T_c < T_R^2$,那么 $T_{p1}^* = T_c < T_{p2}^* = T_R^2$;

③如果 $T_c < T_R^1$,那么 $T_{p1}^* = T_R^1 < T_{p2}^* = T_R^2$。

定理2-8和定理2-9的证明类似定理2-7,证明略。

从定理2-5到2-9可以看到:

(1)当 $t \leqslant t_E$,$\lambda(t)$单调递减即 $R_{op}(x|0) \leqslant R_{te}(x|0)$时,或者当 $\lambda(t)$先增后减即 $R_{op}(x|T_0) \leqslant R_{te}(x|T_0)$时,有 $T_{p1}^* \leqslant T_{p2}^*$;

(2)当 $t > t_E$,$\lambda(t)$单调递减即 $R_{op}(x|0) > R_{te}(x|0)$时,或者当 $\lambda(t)$先增后减即 $R_{op}(x|T_0) > R_{te}(x|T_0)$时,有 $T_{p2}^* > T_{p1}^*$。

一般情况下,$\lambda_o \leqslant \lambda_T$,$R_{op}[-\lambda_o x] \geqslant R_{op}[-\lambda_T x]$,也就是实际的运行可靠性要比测试阶段预测的可靠性大。用户最为关注的是运行阶段的可靠性,根据具体的软件,测试人员一般根据经验预先得到操作阶段的失效强度,从而可以确定操作阶段的可靠性,然后根据具体的数据确定T^*,即最优发布时间。如果根据经验得到的运行阶段的失效强度较低,那么根据测试阶段得到的预测的 T^* 将过高,从而导致测试成本的增加,悲观地估计了运行阶段的可靠性;如果根据经验得到的运行阶段失效强度比较高,那么根据测试阶段得到的预测的 T^* 将过低,从而导致过高的估计了运行阶段的可靠性,那么还要根据用户需求的实际运行阶段的可靠性继续测试,达到运行阶段的可靠性再发布软件,从而满足用户的要求。文献[59]讨论的只是本文的一个特例。

2.6 实例分析

为了说明上述定理,采用文献[82]中的公开数据对软件的最优发布问题进行分析。假设软件的测试数据用 Goel – Okumoto(以下简称G – O)模型验证,G – O 模型于 1979 年由 Goel A L 和 Okumoto K 提出,是关于连续时间的 NHPP(Non – homogeneous Poisson Process)模型中的经典模型。在很多具体的应用中,G – O 都工作的很好[67]。G – O 模型的假设如下:

(1)软件在与预期的操作环境相似的条件下运行;

(2)软件的失效遵循 NHPP 过程;

(3)故障一旦被发现,立即被排除,并且不引入新的故障;

(4)在任何时候软件的失效强度与软件中隐藏的故障数成正比;

(5)每个故障的严重性和被检测到的可能性大致相同。

G – O 模型故障累计数的均值函数:

$$m(t) = a[1 - \exp(-bt)] \tag{2-27}$$

其中,参数 a 是最终可能被检测出的故障总数的期望值,参数 b 是剩余故障发现率,或者说 b 是在时刻 t 每个故障的查出率。用极大似然法得到的估计值 $\hat{a} = 1\ 348, \hat{b} = 0.124$。

我们选用软件费用模型[83],表示如下:

$$C(T) = c_1 m(T) + c_2[m(\infty) - m(T)] + c_3 T \tag{2-28}$$

公式(2 – 28)中,c_1 表示单位软件故障导致软件失效给用户造成的损失,c_2 表示维护阶段排除一个错误的费用,c_3 表示单位时间软件测试费用。

费用模型中的参数通常根据经验数据进行估算,我们取值如下[83]:$x = 5, c_1 = 1, c_2 = 5, c_3 = 4, R_0 = 0.8$,经过计算可以得到 T_c 和 T_R^1。

$$T_c = \frac{1}{b}\ln\frac{ab(c_2 - c_1)}{c_3} = 52.5$$

$$T_R^1 = \frac{1}{b}\ln\frac{a[1 - \exp(-bx)]}{\ln(1/R_0)} = 65.82$$

如图 2.3 所示，当 $t = t_E$ 也即 $\lambda_o = \lambda(t_E)$ 时，由等式(2 - 20)可得 $\lambda(t_E) = \frac{1}{x}\int_s^{s+x}\lambda(t)\mathrm{d}t$，从而可得 $t_E = \lambda^{-1}\left[\frac{1}{x}\int_s^{s+x}\lambda(t)\mathrm{d}t\right] = 68.46$；当 $t < t_E$ 也即 $\lambda_o = \lambda_{ou}$ 时，由定理 2 - 5 中的(1)可得，如果 $T_c \leqslant T_R^1$，那么 $T_{p1}^* = T_R^1 = 65.82 < T_{p2}^* = T_R^2$，此时实际的运行可靠性要低于测试停止时预测的操作可靠性，这时就要继续接着测试到 $T_{p2}^* = T_R^2$ 达到用户的要求。

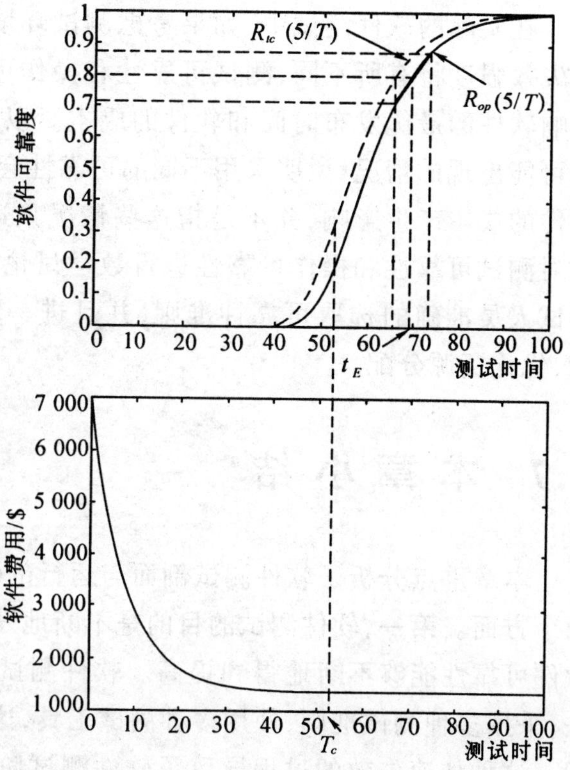

图 2.3　软件最优发布说明

(Figure 2.3　Illustration of optimal release of the software)

由 2.2.1，我们分析了测试剖面与运行剖面的差别。由于软件测试过程加速测试的影响，得到的测试可靠性有可能要高于用户所要求的运行可靠性，或者不同的用户在某种条件下所要求的运行可靠性比较低，在软件测试过程中当测试可靠性已经达到用户所要求的运行可靠性时，就可以停止测试，因此可以节省软件的测试成本。如图 2.3 所示，当 $t > t_E$ 即

$\lambda_o = \lambda_{od}$时,如果这里取 $\lambda_o = \lambda_{od} = \lambda(t = 70) = 0.028$,由定理 2－7 中的(3)可得,如果 $T_c \leqslant T_R^2$,那么 $T_{p2}^* = T_R^2 = 57.86 < T_{p1}^* = T_R^1 = 65.82$,从以上可以看出测试停止的时间是在 $T_{p2}^* = T_R^2 = 57.86$,而不是根据测试可靠度得到的软件最优发布时间 $T_{p1}^* = T_R^1 = 65.82$,因此可以节省测试成本。

在实际的软件测试中,如果考虑测试环境和操作环境的差别,软件的失效强度将有所不同,测试可靠性和操作可靠性也就会不同,因此会影响软件的最优发布时间和软件的成本。以上只是根据实际软件测试时可能出现的情况,说明采用不同的可靠性会对软件的最优发布时间和软件的成本产生影响,并不是指这些情况只适合本例和 G－O 模型,本文对测试可靠性和操作可靠性进行数学讨论和分析的结论有助于软件测试人员准确的选取可靠性准则,并且进一步决定软件的最优发布时间,优化资源分配。

2.7 本章小结

本章重点分析了软件测试剖面与运行剖面的不同,主要体现在以下两个方面。第一,软件测试的目的是不断地发现故障,排除故障,从而使软件可靠性能够不断地得到提高。软件测试过程中会使用多种测试方法,采用多种测试准则,使用多种测试工具,这些都会加速软件的失效过程。这种加速失效的过程导致了软件测试阶段的故障分布和运行阶段的分布不一致。第二,对于含有意外处理的软件,如按照运行剖面对软件系统进行常规测试,为处理意外事件编写的那部分软件被执行的概率会非常低,其中包含的软件缺陷很难被发现,在实际的测试中,要设计很多测试用例来测试意外处理模块,因此在这种情况下,软件测试剖面和运行剖面下分布也是不同的。软件测试覆盖率定量地描述了软件测试的程度,能够描述两个剖面的差异。通过实例,验证了测试阶段和运行阶段测试覆盖率的差异，说明测试剖面与运行剖面存在的差别。

本章根据软件测试阶段和运行阶段的异同，分析了运行阶段失效强度与应用软件可靠性增长模型预测的运行阶段失效强度相比较的几种不同形式，并且进行了详细的数学讨论和分析。因为用户关注的是运行可靠性，所以采用不同的可靠性对软件的最优发布和软件成本会产生影响。最后以一个实例用经典G-O模型在某个数据集上进行验证，采用不同的运行可靠性标准对软件最优发布时间和成本产生的影响得到两种结论：继续测试以满足用户的可靠性要求；在达到用户运行可靠性要求时停止测试，从而节省测试成本。

第3章 考虑测试与运行差别基于移动点的软件可靠性增长模型

3.1 引 言

绝大多数软件可靠性增长模型都假设软件故障服从同一种分布。在实际情况中，软件故障经常受各种因素的影响，例如运行环境、测试方法和资源分配等，从而软件故障不可能服从同一种分布。为了准确地评估和预测软件可靠性，近几年研究人员将移动点技术用于分析测试阶段失效数据的变化趋势，建立测试阶段的软件可靠性增长模型，在具体的应用中有很好的表现[52~54]。最近有学者提出将移动点技术应用到软件的运行阶段，在G－O模型的基础上，建立了运行阶段的具有多个移动点的软件可靠性增长模型[84]。

通过第2章软件测试剖面与运行剖面差别的分析可知，软件的测试阶段与运行阶段存在着移动点，可以将移动点技术应用到测试与运行差别的软件可靠性建模。本章首先介绍了软件可靠性建模中应用的移动点技术，讨论了具有移动点的NHPP类软件可靠性增长模型的参数估计方法。然后，在测试剖面与运行剖面差别的基础上，量化分析了软件测试阶段和运行阶段的故障检测率，建立了考虑测试与运行差别的基于移动点技术的软件可靠性增长模型。

3.2　基于移动点技术的软件可靠性建模

3.2.1　软件失效过程的移动点

移动点技术是一种统计学分析方法，很多的学者都对这种方法进行过深入研究[85~89]，移动点技术在许多的工程中都有很好的应用。在某些情况下，移动点技术可以应用到软件可靠性建模中。许多经典的软件可靠性增长模型都假设软件的失效服从同一种分布。在实际情况中，软件的失效分布可能会受多种因素的影响，例如软件的结构、测试的工具、运行环境、测试方法和资源分配等，在软件测试过程中不可能保证这些因素的稳定性，一旦这些因素发生变化，软件的失效强度函数就会发生变化，因此移动点前后要用不同的函数描述软件的失效强度，这就是软件建模中的移动点问题。

3.2.2　移动点模型的参数估计方法

从现有的软件可靠性增长模型来预计软件的故障特性，预计往往是有偏差的。目前有两种策略可以改进预计的有效性，直接改进参数估计和改进模型。目前的参数估计方法有三种，第一种是极大似然估计法，这是一种较好的方法。当给定或者已知数据的基本分布时，极大似然估计法是可应用的基本技术。第二种是最小二乘法，能够很好地替代极大似然估计法，该法对于中小样本情况，其估计结果较好，其偏差较小或收敛较快。采用的方法是通过拟合故障强度与相应观测到的故障强度均值函数之间的函数关系来估计模型的参数。第三种是 Bayes 估计，Bayes 分析提供了一种把先验知识综合到估计过程的方法，为把不同主题和目标的数据源综合起来提供有效的手段，然而它的分析和计算极为复杂。本节首先在 NHPP 类 G－O 模型的基础上，讨论一下移动点模型的极大似然估计法与最小二乘法。

3.2.2.1 极大似然估计法(MLE)

软件失效数据可能存在多个移动点,有研究表明[53],多个移动点的软件可靠性模型在进行评估时,拟合效果较好,但是模型在预测能力上较差,因此假设:软件失效数据只存在一个移动点 τ,在移动点 τ 之前的软件失效数据服从同一分布,在移动点 τ 之后的失效数据服从另一分布。

G-O模型的失效强度函数:

$$\lambda(t) = ab\mathrm{e}^{-bt} \tag{3-1}$$

假设在软件开发过程中,观测到 N 个故障出现的时间 $s=(S_1, S_2, \cdots, S_N)(0 \leqslant S_1 \leqslant S_2 \leqslant \cdots \leqslant S_N)$,则 s 的联合概率密度函数:

$$f_{s_1, s_2, \cdots, s_N}(S_1, S_2, \cdots, S_N) = \left(\prod_{k=1}^{N} ab\mathrm{e}^{-bS_k}\right)\exp[-a(1-\mathrm{e}^{-bS_N})] \tag{3-2}$$

由式(3-2)的对数似然函数,可得下列方程:

$$\frac{N}{\hat{a}} = 1 - \mathrm{e}^{-bS_N} \tag{3-3}$$

$$\frac{N}{\hat{b}} = \sum_{k=1}^{N} S_k + aS_N\mathrm{e}^{-bS_N} \tag{3-4}$$

解上述方程(3-3)和(3-4),可得 a, b 的估计值 $\hat{a}, \hat{b}$。

具有移动点的G-O模型,假设移动点发生在 τ,似然函数:

$$\mathrm{ML} = \prod_{i=1}^{\tau}\lambda_1(t_i)\mathrm{e}^{-m_1(t_\tau)}\prod_{j=\tau+1}^{n}\lambda_2(t_j)\mathrm{e}^{-m_2(t_n)} \tag{3-5}$$

对数似然函数:

$$\ln\mathrm{ML} = \sum_{i=1}^{\tau}\ln a_1 b_1 - b_1\sum_{i=1}^{\tau} t_i + \sum_{j=\tau+1}^{n}\ln a_2 b_2 - b_2\sum_{j=\tau+1}^{n} t_j - a_1(1-\mathrm{e}^{-b_1 t_\tau}) - a_2(\mathrm{e}^{-b_2 t_\tau} - \mathrm{e}^{-b_2 t_n}) \tag{3-6}$$

这里,a_1,b_1 和 a_2,b_2 分别是具有移动点 G－O 模型中移动点前和移动点后的参数。可以得到下面的等式:

$$\frac{\tau}{a_1} - 1 + e^{-b_1 t_\tau} = 0 \tag{3-7}$$

$$\frac{\tau}{b_1} - \sum_{i=1}^{\tau} t_i - a_1 t_\tau e^{-b_1 t_\tau} = 0 \tag{3-8}$$

$$\frac{n-\tau}{a_2} - e^{-b_2 t_\tau} + e^{-b_2 t_n} = 0 \tag{3-9}$$

$$\frac{n-\tau}{b_2} - \sum_{j=\tau+1}^{n} t_j + a_2 t_\tau e^{-b_2 t_\tau} - a_2 t_n e^{-b_2 t_n} = 0 \tag{3-10}$$

上述四个方程对于移动点值的求解不存在封闭解,通过对上述四个等式 τ 值的在一定范围内$[2,\cdots,n-1]$的逐步选择,可得到使似然函数达到最大值的移动点,最后可以求出各参数的值。

3.2.2.2 最小二乘法(LSE)

目前 NHPP 类软件可靠性增长模型参数估计所用的最小二乘法是基于可靠性评估指标 SSE 的,SSE 又称为误差平方和,用来描述累计失效数的观测值与预测值之间的距离,其定义如下:

$$\mathrm{SSE} = \sum_{i=1}^{n} [y_i - \widehat{m(t_i)}]^2 \tag{3-11}$$

其中 n 表示失效数据集中失效样本的数量,$\widehat{m(t_i)}$表示到 t_i 时刻为止故障累计数的估算值,y_i 表示到 t_i 时刻为止故障累计数的实测值。

公式(3－11)的最小值依赖于参数 a,b 的估计值 $\hat{a},\hat{b}$。

式(3－11)对 a,b 求偏导,可以得到下列方程:

$$\frac{\partial \mathrm{SSE}}{\partial a} = 2\left[\sum_{i=1}^{n} a(1-e^{-bt_i}) - \sum_{i=1}^{n} y_i\right]\cdot \sum_{i=1}^{n}(1-e^{-bt_i}) = 0 \tag{3-12}$$

$$\frac{\partial \mathrm{SSE}}{\partial b} = 2ae^{-b}\sum_{i=1}^{n}[a(1-e^{-bt_i}) - y_i] = 0 \tag{3-13}$$

解方程(3-12)和(3-13),可得 a,b 的估计值 $\hat{a},\hat{b}$。

具有移动点的 G-O 模型,移动点发生在 τ,求下列四个方程对 a_1,b_1 和 a_2,b_2 的偏导,得

$$\frac{\partial SSE}{\partial a_1}=2\left[\sum_{i=1}^{\tau}a(1-e^{-bt_i})-\sum_{i=1}^{\tau}y_i\right]\cdot\sum_{i=1}^{\tau}(1-e^{-bt_i})=0 \tag{3-14}$$

$$\frac{\partial SSE}{\partial b_1}=2ae^{-b}\sum_{i=1}^{\tau}\left[a(1-e^{-bt_i})-y_i\right]=0 \tag{3-15}$$

$$\frac{\partial SSE}{\partial a_2}=2\left[\sum_{j=\tau+1}^{n}a(1-e^{-bt_j})-\sum_{j=\tau+1}^{n}y_j\right]\cdot\sum_{j=\tau+1}^{n}(1-e^{-bt_j})=0 \tag{3-16}$$

$$\frac{\partial SSE}{\partial b_2}=2ae^{-b}\sum_{j=\tau+1}^{n}\left[a(1-e^{-bt_j})-y_j\right]=0 \tag{3-17}$$

上述四个方程对于移动点 τ 值的求解不存在封闭解,通过对上述四个等式 τ 值的在一定范围内[2,…,$n-1$]的逐步选择,可得到使 SSE 达到最小值的移动点 τ,最后可以求出各参数的值。

3.3 软件可靠性增长模型性能比较标准

在众多的软件可靠性增长模型中,推荐不出一个普遍适应于所有用户的模型。事实上,各种模型所表现出的可靠性度量准确性差异很大,有些模型有时能给出很好的结果,有些模型对于某些失效数据集不能够得到理想的结果。没有哪个模型可以被认为在所有情况下都是可信的。采用什么样的方法以定量地检验人们在工程中选用这类模型的理论依据,还缺乏相应的工作。可是,在工程实际中,人们又提出了这样的要求,希望有一些方便实用的方法,可以定量地评判所选用的软件可靠性增长模型的优劣,从而帮助人们建立对所选模型作出的软件可靠性评价

结果的置信度，本节就有关这类模型的检验，在前面介绍的软件可靠性模型参数估计方法的基础上，归纳了常用的准则。这些准则主要体现在评估模型性能的两个方面，模型的拟合能力与模型的预测能力。下面给出这两方面的评估与预测标准。

3.3.1 模型的拟合能力

(1)应用极大似然法估计软件可靠性模型的参数，用于模型拟合能力的标准主要有以下几种。

均方误差值：

$$\mathrm{MSE}=\sum_{i=1}^{n}\frac{[y_i-m(t_i)]^2}{n} \tag{3-18}$$

该指标反映了估计值与实际值之间的平均偏差。显然，MSE越小表明拟合的误差越小。

Akaike信息准则(AIC)。AIC由Koshgoftaar和Woodcock作为软件可靠性增长模型比较准则最先提出[90]。其定义：AIC = -2×对数似然函数的最大值+2×使对数似然函数达到最大值时的参数个数，AIC越小，表明适用性越好，预测越有效。

(2)应用最小二乘法估计软件可靠性模型的参数，用于模型拟合能力的标准主要有以下几种：SSE(误差平方和)和R-square(回归曲线方程的相关指数)。

SSE见公式(3-11)，R-square定义如下：

$$\text{R-square}=\frac{\sum_{i=1}^{n}[\hat{m}(t_i)-\bar{y}]^2}{\sum_{i=1}^{n}(y_i-\bar{y})^2} \tag{3-19}$$

其中 n 表示失效数据集中失效样本的数量，$\hat{m}(t_i)$表示到 t_i 时刻为止故障累计数的估算值，y_i 表示到 t_i 时刻为止故障累计数的实测值。

$$\bar{y} = \frac{1}{n}\sum_{i=1}^{n} y_i \tag{3-20}$$

SSE 的值越小,曲线拟合得越好;R - square 的值越接近于 1,曲线拟合得越好。

3.3.2 模型预测能力

模型的预测能力使用 AE 表示[91],$t_0 < t_1 < t_2 < \cdots < t_n$ 表示失效间隔,$\{t_i, y_i\}$ 表示失效时间间隔数据,y_i 表示到时间 t_i 为止的累计故障数,模型的预测能力定义如下:

$$\text{AE} = \frac{1}{m}\sum_{i=l}^{u}\left|\frac{D_i - D}{D}\right| \tag{3-21}$$

其中,t_l, t_u 表示用于估测模型预测能力所选的失效时间的上限和下限。D 表示软件测试结束时实际测得的累计故障数。D_i 表示用故障时间间隔$\{t_0, y_0\}, \{t_1, y_1\}, \cdots, \{t_i, y_i\}$所估测的软件测试结束时的累计故障数。$m$ 表示位于 t_l, t_u 之间的时间间隔数。AE 的值越小,模型的预测能力越强。

RE(Relative error)也是用来计算模型预测能力的[13],其定义为

$$\text{RE} = \frac{m(t_q) - q}{q} \tag{3-22}$$

假设在软件测试结束 t_q 时观测到 q 个软件故障数,使用失效数据 t_e $(t_e \leqslant t_q)$估测软件可靠性模型均值函数 $m(t)$的参数,然后将这些参数值代入到 $m(t)$中,可以得到软件测试结束时间 t_q 的累计失效数的估计值。得到的估计值与实际值进行比较,重复不同的失效时间间隔 t_e,最后可以通过图形描述出 RE 值。

另外,评价模型预测能力,常常应用 U - 图进行[5]。

设测得 m_e 个故障时间 $t_1 < t_2 < \cdots < t_{m_e}$,则 m_e 个故障时间间隔时间数据为 $\tau_1, \tau_2, \cdots, \tau_{m_e}$,其中 $\tau_i = \tau_i - \tau_{i-1}$, $i = 1, 2, \cdots, m_e$,令 $t_0 = 0$。在获

得观测数据 $\tau_1,\tau_2,\cdots,\tau_{i-1}$时,下一次故障间隔时间 τ_i,有累计分布

$$F_i(\tau) = p(T_i < \tau) \tag{3-23}$$

上述 $F_i(\tau)$为未知。

由记录数据 $t_1 < t_2 < \cdots < t_{i-1}$,用极大似然估计方法,求出模型参数 a,b 的 MLE,记作 $\hat{a}_{i-1},\hat{b}_{i-1}$。对 G-O 模型,可得到 $F_i(\tau)$的估计:

$$\hat{F}_i(\tau) = 1 - \exp\left[-\frac{i-1}{e^{b_{i-1}t_{i-1}}-1}\cdot(1-e-\hat{b}_{i-1}\tau)\right],\tau > 0 \tag{3-24}$$

根据第 i 个故障间隔时间 τ_i,利用上述方法,可以产生 τ_{i+1}的累计分布 $F_{i+1}(\tau)$的估计,上述过程对 $i+2,i+3,\cdots,m_e$ 逐个进行,可产生估计 $F_{i+2}(\tau),\cdots,F_{m_e}(\tau)$,令统计量

$$u_i = \hat{F}_i(\tau) \tag{3-25}$$

易知,$u_i,u_{i+1},\cdots,u_{m_e}$是独立同分布于均匀分布 $U(0,1)$的 m_{e-i+1}个随机变量的实现。如果$\{u_i\}$是靠近独立同分布于 $U(0,1)$,则$\{\hat{F}_i(\tau)\}$与$\{F_i(\tau)\}$靠近。记 $m_e - i = n_0$,将 $u_i,u_{i+1},\cdots,u_{m_e}$记作 $u_i,u_{i+2},\cdots,u_{i+n_0}$共 n_0+1 个观测值,将这 n_0+1 个观测值由小到大地排列记为 $u_{(0)}$,$u_{(1)},\cdots,u_{(n_0)}$。把点$\left(u_{(j)},\frac{j}{n_0+1}\right)$,$j=0,1,2,\cdots,n_0$ 描在平面坐标上,得到一条阶梯曲线,并作一条 45°线,这个图形就是 U-图。

曲线上任一点到过原点的单位斜率线上的垂直距离的最大值(称为柯尔莫哥洛夫-斯米尔诺夫距离)是衡量预测的分布与真实分布相距多远的一个测度[92]。柯尔莫哥洛夫-斯米尔诺夫距离记为

$$K_{n_0} = \exp_{0\leqslant j\leqslant n_0}\left\{\left|u_j - \frac{j}{n_0+1}\right|,\left|u_j - \frac{j+1}{n_0+1}\right|\right\} \tag{3-26}$$

其余的用于评价模型预测能力的标准还有 Y-图,PLR 方法,这里不做详述。

3.4 考虑测试与运行差别的软件可靠性增长模型

3.4.1 软件运行阶段和测试阶段的故障检测率

软件可靠性增长模型能够如实地反映运行阶段失效率对于维护软件可靠性与软件费用的平衡,决定何时发布软件是非常重要的。运行阶段和测试阶段的环境不同,检错情况也不同,也即故障检测率不同。运行阶段故障检测率(Fault detection rate,FDR)由于操作环境、操作剖面和硬件平台以及不同的应用程序等诸多原因很难预测。有些学者认为建立软件可靠性增长模型时应考虑测试资源的消耗[37,93~95],并从软件可靠性评价和开发管理方面考虑,根据实测数据和经验讨论测试阶段和运行阶段的故障检测率的变化趋势,如图 3.1 所示。

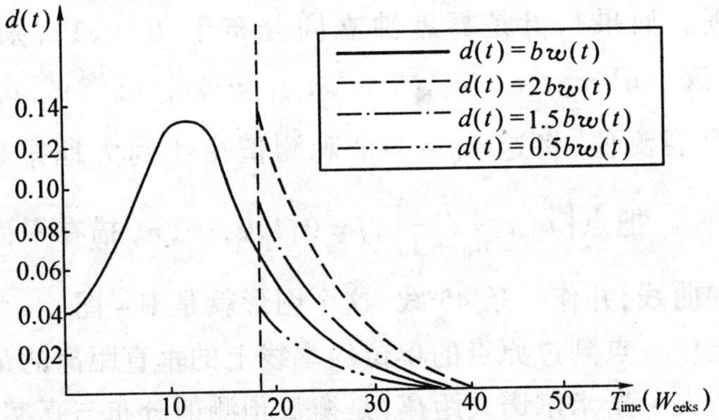

图 3.1 测试和运行阶段的故障检测率 $d(t)$

(Figure 3.1 FDR $d(t)$ of the testing phase and the operation phase)

这条曲线描述了从测试到运行阶段故障检测率曲线是先增后减的变化趋势。许多学者认为软件系统的运行剖面和测试剖面有根本的不同[96~100],在建立软件可靠性增长模型时从测试阶段到运行阶段可以建立一定的联系。在众多的非齐次泊松可靠性增长模型中,两个最重要的参数就是软件初始故障数和故障检测率。如果排错过程中不引进新的故障,故障总数是不变的,因此最重要的参数就是故障检测率[95],那么如何从测试阶段的故障检测率得到运行阶段的故障检测率呢?Pham 在讨论操作阶段 FDR 时引进了 beta 测试阶段,在 beta 测试中引入服从 gamma 分布的参数 η 讨论 FDR,不同的应用程序和执行环境导致了 η 的不同[48]。绝大多数的研究者都假定运行阶段的均值函数和测试阶段的均值函数具有同样的结构,所不同的只是对参数的估计[96,97~100]。软件测试是软件生命周期中发现故障,并且排除故障,提高软件可靠性的重要手段。考虑到测试阶段和运行阶段故障检测率的不同,为了使软件可靠性增长模型能够如实地反映运行阶段失效率,并且能为更准确地描述软件成本模型提供依据[48],本文采用 Pham 提出的软件生命周期,划分方法如图 3.2 所示,其中运行阶段包括正式发布软件前给一般用户的 beta 测试阶段和发布软件后的最终用户操作阶段,用 beta 测试环境模拟实际的终端用户的环境,以 beta 测试环境的 FDR 近似替代操作阶段的 FDR,这个 FDR 和净室测试阶段的 FDR 有根本的不同。

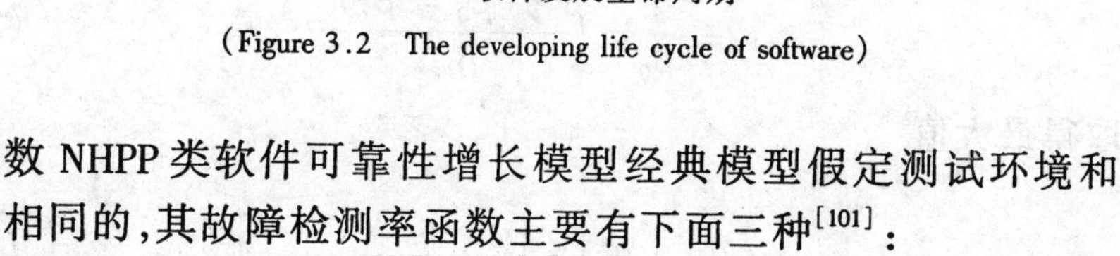

图 3.2 软件发展生命周期

(Figure 3.2 The developing life cycle of software)

多数 NHPP 类软件可靠性增长模型经典模型假定测试环境和操作环境是相同的,其故障检测率函数主要有下面三种[101]:

(1)常数 b;

(2)关于测试时间的增函数；

(3)关于测试时间的减函数。

出现较早的 NHPP 类的软件可靠性增长模型一般假设故障检测率函数是一个常数。新近提出的一些模型则假设故障检测率函数是一个增函数,这个增函数体现了测试者的学习过程。几乎所有的研究者都认为在实际测试时,学习的影响非常重要。如果只考虑故障本身的性质,软件中残留的故障被检测概率越来越低,故障检测率函数应该是一个递减的函数。实际上,测试阶段软件的故障检测率变化应该是这两方面作用的结果,从而呈现出先增后减的趋势。测试阶段软件固有的故障检测率的这种变化趋势可表示如下[31]：

$$p_0(t) = b\exp(-\beta_1 t) \tag{3-27}$$

另一方面,表现测试者学习过程用数学模型表示如下[3]：

$$p_1(t) = \frac{1+\beta}{1+\beta\exp[-b(1+\beta)t]} \tag{3-28}$$

测试阶段软件的故障检测率是这两个过程综合作用的结果。被测软件的故障检测率可用下面的方程表示：

$$b(t) = p_0(t)p_1(t) = \frac{b(1+\beta)\exp(-\beta_1 t)}{1+\beta\exp[-b(1+\beta)t]} \tag{3-29}$$

令 $\beta_0 = b(1+\beta)$,对 $b(t)$进行讨论。

(1)若 $\beta_0 \leqslant \beta_1$ 或 $\beta_0 > \beta_1$ 并且 $\beta\cdot(\beta_0-\beta_1)-\beta_1 \leqslant 0$,则 $t=0$ 时,函数 $b(t)$取得最大值 b,FDR 是一个递减的函数。

(2)若 $\beta_0 > \beta_1$ 并且 $\beta\cdot(\beta_0-\beta_1)-\beta_1>0$,则当

$$t = \frac{1}{\beta_0}\ln\frac{\beta\cdot(\beta_0-\beta_1)}{\beta_1} \tag{3-30}$$

$b(t)$取得最大值

$$b_{\max} = (\beta_0-\beta_1)\cdot\left[\frac{\beta_1}{\beta\cdot(\beta_0-\beta_1)}\right]^{\frac{\beta_1}{\beta_0}} \tag{3-31}$$

故障检测率是一个先增后减的函数。

下面对测试阶段和运行阶段的故障检测率分别讨论如下。

测试阶段的故障检测率 FDR_c 为

$$FDR_c = b(t) = \frac{b(1+\beta)\exp(-\beta_1 t)}{1+\beta\exp[-b(1+\beta)t]},\ t \leqslant T \qquad (3-32)$$

从测试的过程来看，测试阶段是根据测试剖面，开发测试用例，使用多种测试方法，如边界值测试、等价类测试，考虑到测试覆盖率的基于路径测试等，测试者的学习能力对测试阶段故障检测率有一定的影响，当预测的现场行为达到用户所确认的指标时就发布给用户到现场运行的操作阶段。实际上，软件测试致力于发现软件中的故障，测试技术的有效使用导致非随机测试软件的失效强度比现场情况下要高[102]。有些学者建立软件可靠性模型考虑测试资源消耗时，都假设测试阶段故障检测率和操作阶段故障检测率 $d(t)$ 有如下性质[8]：

$$b \times w(t) \geqslant b_{op} \times w_{op}(t) \qquad (3-33)$$

其中 b 和 b_{op} 分别代表测试阶段和操作阶段每测试资源的故障检测率，$w(t)$ 和 $w_{op}(t)$ 分别代表到时间 t 所消耗的资源。因此运行阶段（beta 测试，操作阶段）的故障检测率 FDR_o 呈现下降的趋势，可以表示为

$$FDR_o = b(t) = b^o\exp(-\beta_2 t),\ t > T \qquad (3-34)$$

3.4.2 模型推导

根据前面的讨论，软件测试阶段和运行阶段的环境是不同的，并且测试阶段和运行阶段的故障检测率是不同的，因此本模型修改2.6节G－O模型的假设(1)和(5)，测试阶段和运行阶段除满足G－O模型的假设(2)，(3)，(4)以外，又分别对其进行了假设。

测试阶段的假设满足：

(1)测试阶段测试人员测试能力的提高与测试时间的关系满足一个非递减的 S－形曲线；

(2)软件中潜伏故障的固有检测率是一个随时间递减的函数。

运行阶段的假设:

(1)软件运行阶段严格按照操作剖面进行;

(2)故障检测率只表现故障本身固有的故障检测率,是一个随时间递减的函数。

根据假设条件,可以推断测试阶段均值函数:

$$\frac{\mathrm{d}m(t)}{\mathrm{d}t} = b(t)[a - m(t)] = \frac{b(1+\beta)\exp(-\beta_1 t)}{1+\beta\exp[-b(1+\beta)t]}[a - m(t)] \tag{3-35}$$

解方程(3-35)可得

$$m(t) = a\{1 - \exp[-B^*(t)]\},\ t \leqslant T \tag{3-36}$$

其中

$$B^*(t) = \int_0^t b(\tau)\mathrm{d}\tau,\ \tau \leqslant T \tag{3-37}$$

将(3-29)式代入(3-37)式,可得

$$\begin{aligned} B^*(t) &= \int_0^t \frac{\beta_0\exp(-\beta_1\tau)}{1+\beta\exp(-\beta_0\tau)}\mathrm{d}\tau \\ &= \sum_{k=0}^{+\infty}\frac{\beta_0(-\beta)^k\{1-\exp[-(\beta_1+k\beta_0)t]\}}{\beta_1+k\beta_0},\ t \leqslant T \end{aligned} \tag{3-38}$$

因此

$$m(t) = a\left\{1 - \exp\left\{-\sum_{k=0}^{+\infty}\frac{\beta_0(-\beta)^k\{1-\exp[-(\beta_1+k\beta_0)t]\}}{\beta_1+k\beta_0}\right\}\right\},t \leqslant T \tag{3-39}$$

那么,对于运行阶段的均值函数,假设运行阶段也可以被看作一个故障检测过程,而且此过程可以用 NHPP 表示[103],假设运行阶段的故障率为 $\lambda^o(t)$,那么运行阶段的均值函数:

$$m^o(t) = \int_T^t \lambda^o(t)\mathrm{d}t \tag{3-40}$$

推导如下：

$$\lambda^{o}(t) = \frac{\mathrm{d}m^{o}(t)}{\mathrm{d}t} = b(t)[a - m(T) - m^{o}(t)],\ t > T \qquad (3-41)$$

将运行阶段的 FDR_o(3-34)式代入(3-41)式得到：

$$\frac{\mathrm{d}m^{o}(t)}{\mathrm{d}t} = b^{o}\exp(-\beta_2 t)[a - m(T) - m^{o}(t)],\ t > T \qquad (3-42)$$

$$m^{o}(t) = a - m(T) + c\exp\left[\frac{b^{o}}{\beta_2}\exp(-\beta_2 t)\right] \qquad (3-43)$$

因为

$$\lim_{x\to 0} m^{o}(T + x) = 0$$

从而，得

$$c = \frac{m(T) - a}{\exp\left[\frac{b^{o}}{\beta_2}\exp(-\beta_2 T)\right]} \qquad (3-44)$$

从而，可得测试和运行阶段的均值函数如下：

$$m(t) = \begin{cases} a\left\{1 - \exp\left\{-\sum_{k=0}^{+\infty}\frac{\beta_0(-\beta)^k\{1 - \exp[-(\beta_1 + k\beta_0)t]\}}{\beta_1 + k\beta_0}\right\}\right\}, t \leqslant T \\ a + \frac{m(T) - a}{\exp\left[\frac{b^{o}}{\beta_2}\exp(-\beta_2 T)\right]}\exp\left[\frac{b^{o}}{\beta_2}\exp(-\beta_2 t)\right], t > T \end{cases} \qquad (3-45)$$

公式(3-45)中包含了一个从0到+∞的累加表达式，很难用数值的方法进行估算，不过容易知道，当 $\beta \leqslant 1$ 时：

$$\lim_{k\to\infty}\frac{\beta_0(-\beta)^k\{1 - \exp[-(\beta_1 + k\beta_0)t]\}}{\beta_1 + k\beta_0} = 0 \qquad (3-46)$$

因为本模型考虑测试剖面与运行剖面的差别，建立在移动点技术基础上，所以称本模型为TO-SRGM。因此，在满足方程(3-46)和用户精度的前提下，在实际应用中可以用下面的方程(3-47)近似的表示

TO - SRGM的故障累计数期望函数方程。

$$m(t)=\begin{cases}a\left\{1-\exp\left\{-\sum_{k=0}^{M}\frac{\beta_0(-\beta)^k\{1-\exp[-(\beta_1+k\beta_0)t]\}}{\beta_1+k\beta_0}\right\}\right\},t\leqslant T\\ a+\frac{m(T)-a}{\exp\left[\frac{b^o}{\beta_2}\exp(-\beta_2T)\right]}\exp\left[\frac{b^o}{\beta_2}\exp(-\beta_2t)\right],t>T\end{cases}\tag{3-47}$$

3.4.3 性能比较

为了检验 TO - SRGM 模型的拟合效果,采用最小二乘法,在现有的发表的第一组数据[49]和第二组数据[48]上,分别应用 TO - SRGM 模型、G - O模型[24], Yamada 延迟 S 型[31], logistic 模型[31],增强的 G - O 模型[18], Logarithmic 模型 和 Compertz 模型[104]。

3.4.3.1 第一组数据

首先在第一组数据集上通过实验确定的值,应用最小二乘法求解模型的参数,当 $M>15$ 时,TO - SRGM 的参数趋于稳定。求解的参数结果如下:

$$a=207.5\quad \beta_0=0.036\,83\quad \beta=0.991\,4$$
$$\beta_1=1.016e^{-007}\quad b^o=0.012\,5\quad \beta_2=0.01$$

TO - SRGM 与其他模型的最小二乘法求解的参数值见表 3.1 所示。除此以外,表 3.1 也列出了其他的两个比较标准:SSE, R - squares。从表 3.1 可以看出,TO - SRGM 的这两个比较标准值要优于其他模型的。

通常说来,置信区间代表参数值以一定的置信度落在指定区间。图 3.3(a) ~ (g)表示累计失效数、拟合失效数和比较模型 95%的置信区间。这些比较模型是 TO - SRGM, G - O 模型, Yamada 延迟 S 型, logistic 模型,增强 G - O 模型, Logarithmic 模型和 Compertz 模型。

表 3.1 第一组数据集的比较结果

(Table 3.1 Comparison results of different SRGMs for the first data set)

比较标准	LSE	SSE	R - square
TO - SRGM	$a = 207.5$ $\beta_0 = 0.036\,83$ $\beta = 0.991\,4$ $\beta_1 = 1.016e-007$ $b^o = 0.012\,5$ $\beta_2 = 0.01$	290.358	0.997 9
Yamada 延迟 s 型	$a = 213.5$ $b = 0.093\,48$	806.3	0.996 2
G - O 模型	$a = 301.3$ $b = 0.024\,31$	3 914	0.981 4
增强 G - O 模型	$a = 208$ $b = 0.008\,258$ $c = 1.543$	565.8	0.997 3
Logarithmic 模型	$a = 203.7$ $b = 0.037\,7$	4 957	0.976 4
logistic 模型	$a = 198.9$ $b = 12.41$ $c = 0.141\,9$	882.9	0.995 8
Compertz 模型	$a = 208.9$ $b = 0.031\,01$ $c = 0.913\,9$	434.6	0.997 9

图 3.4 描述了所比较模型的 RE 值。从图 3.4 可以看出,TO - SRGM 与其他的模型相比较,RE 值要比其他的模型更快地趋近于 0。

从以上比较的表格与图形,可以得到下述结论:在第一组失效数据集上,TO - SRGM 比其他几个模型拟合和预测能力要好。

因为 TO - SRGM 包括了多个参数,应该对参数的敏感性进行分析,经过敏感性分析,可以得到哪一个参数对模型评估和预测的影响比较大。通过改变参数在一定范围内的变化值 $x\%$,可以得到运行阶段结束时累计失效数的变化值。我们定义这种变化值:

$$RC = \frac{NPF - NDF}{NDF} \tag{3-48}$$

NDF 指运行阶段结束时实际观测的故障数。

NPF 参数改变后所预测的运行阶段结束时的累计故障数。

参数敏感性分析的结果见表 3.2 所示。可以看到,a 与 b^o 对于估计的故障数有较大的影响,其余的 3 个参数对于估计结果的影响比较小。

参数 a 代表软件的初始故障数,而且是评估软件可靠性的重要参数。表 3.3 列出了本模型与其他模型这个参数的置信区间。

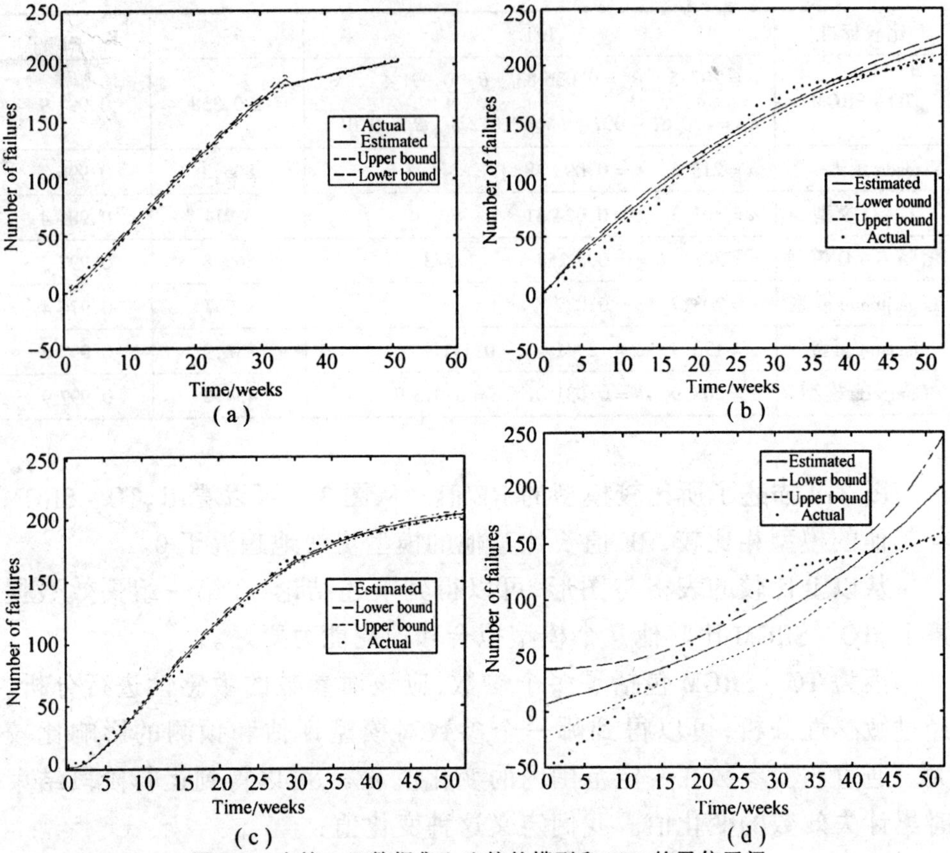

图 3.3 在第一组数据集上比较的模型和 95% 的置信区间

(Figure 3.3 The compared SRGMs and the 95% global confidence bound vs. time for the first data set)

(a)TO - SRGM 和 95%的置信区间

(the proposed model and the 95% global confidence bound vs. time);

(b)G - O 模型和 95%的置信区间

(G - O model and the 95% global confidence bound vs. time);

(c)Yamada 延迟 S 型和 95%的置信区间

(Yamada Delayed S - shape model and the 95% global confidence bound vs. time);

(d)logistic 模型和 95%的置信区间

(logistic growth curve model and the 95% global confidence bound vs. time)

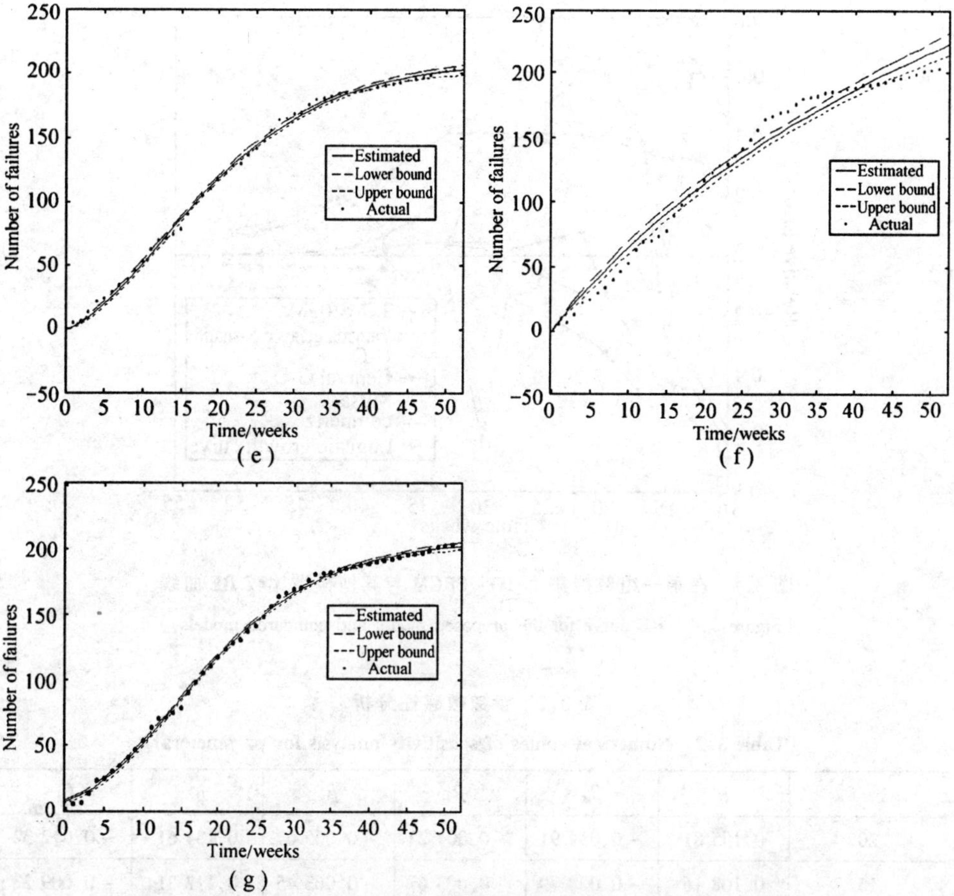

图 3.3　在第一组数据集上比较的模型和95%的置信区间(续)

(Figure 3.3　The compared SRGMs and the 95% global confidence bound vs. time for the first data set (continuous))

(e)增强 G－O 模型和95%的置信区间

(Goel generalized NHPP model and the 95% global confidence bound vs. time);

(f)Logarithmic 模型和95%的置信区间

(Logarithmic Poisson model and the 95% global confidence bound vs. time for the first data set);

(g)Compertz 模型和95%的置信区间

(Compertz growth model and the 95% global confidence bound vs. time)

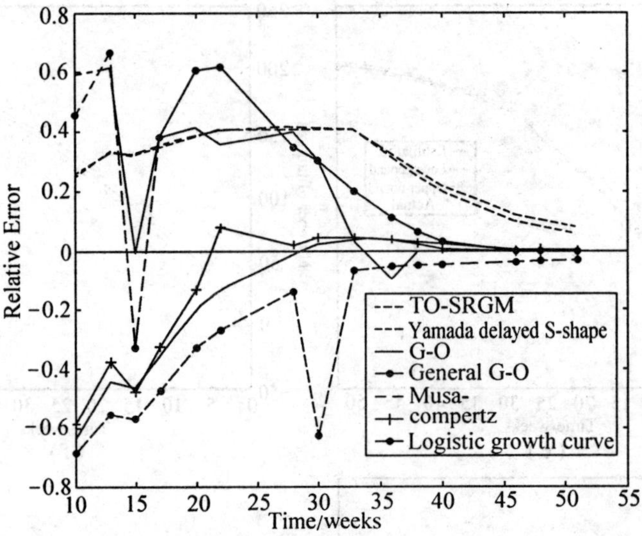

图 3.4　在第一组数据集上 TO－SRGM 与其他模型比较 RE 曲线

(Figure 3.4　RE curve for the proposed model and compared models.)

表 3.2　参数敏感性分析

(Table 3.2　Numerical values of sensitivity analysis for parameters)

x	a	β_0	β	β_1	b°	β_2
20	0.155 81	−0.034 91	−0.004 23	−0.065 67	0.134 61	−0.012 32
15	0.108 16	−0.028 79	−0.003 67	−0.063 45	0.112 31	−0.009 22
10	0.060 23	−0.044 36	−0.031 46	−0.062 34	0.094 56	−0.008 72
5	0.003 45	−0.035 68	−0.045 12	−0.061 23	0.004 79	−0.003 87
−5	−0.082 83	−0.052 55	−0.056 66	−0.059 67	−0.062 32	0.002 57
−10	−0.130 57	−0.067 18	−0.045 67	−0.059 64	−0.112 56	0.003 67
−15	−0.192 34	−0.081 75	−0.043 46	−0.057 36	−0.162 34	0.004 45
−20	−0.245 08	−0.068 97	−0.043 06	−0.056 33	−0.132 34	0.005 79

表 3.3 参数 a 置信区间比较

(Table 3.3 Comparisons of confidence limits for parameter a)

比较标准	上限	下限
TO - SRGM	234.3	198.5
Yamada 延迟 S 型	217.1	210
G - O 模型	335.5	267.2
增强 G - O 模型	212.3	203.7
Logarithmic 模型	249.7	157.7
Logistic 模型	201.7	196.1
Compertz 模型	211.7	206.1

3.4.3.2 第二组数据集

实验结果如表 3.4 所示。从表 3.4 可以看出,通过最小二乘法估算参数,当 $M>9$ 时,TO - SRGM 模型的参数趋于稳定,因此取 $M=9$,这个软件系统的参数表示为

$$a = 1.013\,6 \quad \beta_0 = 0.000\,108 \quad \beta = 0.106\,5$$
$$\beta_1 = 0.098\,3 \quad \beta_2 = 0.01 \quad b^o = 0.000\,005\,423$$

在这组数据上分别应用 TO - SRGM、G - O 模型,Yamada 延迟 S 型,logistic 模型,增强 G - O 模型,Logarithmic 模型和 PZ - SRGM[33] 模型进行曲线拟合,这些模型的数据拟合情况如表 3.5 所示。从表 3.5 可以看出,TO - SRGM 的拟合能力要比其他几个模型强。

图 3.5 描述了 TO - SRGM 中累计故障数、拟合故障数和 95% 的置信区间。图 3.6 分别描述了所比较模型 RE 值,经过计算,在软件运行阶段结束时,TO - SRGM、Yamada 延迟 S 型、G - O 模型和 logistic 模型的 RE 值分别为 - 0.000 52, - 0.036 8, - 0.026 4 和 - 0.031 5。因为增强 G - O 模型和 Logarithmic 模型很大地偏离了 0,并且 RE 值在运行阶段结束时

分别为 - 0.085 5 和 - 0.106 9,所以在图 3.6 中我们没有给出这两个模型 RE 值的变化趋势。

表 3.4　M 对 TO - SRGM 参数影响

(Table 3.4　Influence of M on parameters of TO - SRGM)

参数	$M=0$	$M=1$	$M=2$	$M=3$	$M=4$	$M=5$	$M=6$	$M=7$	$M=8$	$M=9$	$M=10$	$M=11$	$M=12$
a	0.987 6	0.997 5	0.873 4	0.823 4	0.754 1	1.003 1	1.002 6	1.001 8	1.002 8	1.013 6	1.013 6	1.013 6	1.013 6
β	9.653 E - 5	7.539 E - 5	7.500 E - 5	7.523 E - 5	7.523 E - 5	7.694 E - 5	9.978 E - 5	9.969 E - 5	9.959 E - 5	1.008 E - 4	1.008 E - 4	1.008 E - 4	1.008 E - 4
β	0.197 6	0.194 5	0.387 9	0.185 6	0.143 2	0.103 2	0.135 4	0.107 4	0.107 5	0.106	0.106 5	0.106 5	0.106 5
β_1	0.100 0	0.985 6	0.965 0	0.785 6	0.796 3	0.784 7	0.785 7	0.099 9	0.099 1	0.099 3	0.098 3	0.098 3	0.098 3
β_2	0.009 6	0.010 1	0.012 1	0.009 9	0.005 6	0.005 2	0.009 9	0.010 1	0.010 1	0.010 0	0.010 0	0.010 0	0.010 0
b^{o}	8.549 E - 6	8.200 E - 6	7.489 E - 6	7.520 E - 6	5.356 E - 6	6.869 E - 6	5.424 E - 6	5.426 E - 6	5.348 E - 6	5.422 E - 6	5.425 E - 6	5.423 E - 6	5.422 E - 6

表 3.5　第二组数据集上模型比较结果

(Table 3.5　Comparison results of different SRGMs for the second data set)

比较标准	SSE	R - square
TO - SRGM	0.031 111 7	0.996 8
Yamada 延迟 S 型	0.244 3	0.968 5
G - O 模型	0.064 4	0.981 7
增强 G - O 模型	0.062 85	0.981 6
Logarithmic 模型	1.032	0.867
logistic 模型	0.119 1	0.984 7
PZ - SRGM	0.319 8	0.975 8

从以上比较的表格与图形,可以得到下述结论:在第二组失效数据集上,TO - SRGM 比其他几个模型拟合和预测能力要好。

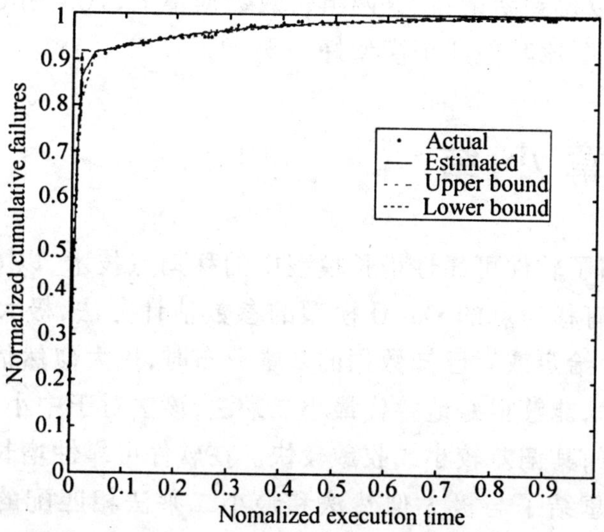

图 3.5　第一组数据集上 TO－SRGM 和 95%的置信区间

(Figure 3.5　TO－SRGM and the 95% global confidence bound vs. time for the second data set)

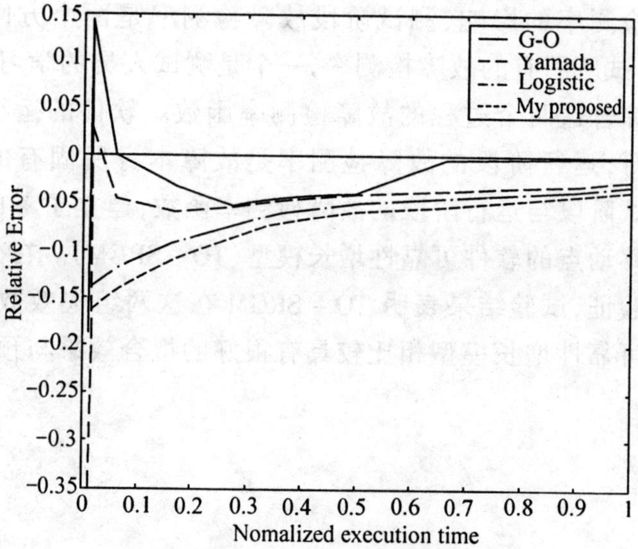

图 3.6　TO－SRGM 与其他模型的 RE 曲线

(Figure 3.6　RE curve for the TO－SRGM and other compared models)

因此,可以得到结论:在这两组失效数据集上,TO－SRGM模型的拟合与预测能力要比其他几个模型好。

3.5 本章小结

本章介绍了软件可靠性增长模型中的移动点技术,以G－O模型为例,讨论了具有移动点的G－O模型的参数估计方法,极大似然法和最小二乘法。当给定或者已知数据的基本分布时,极大似然估计法是可应用的基本技术,能够很好地替代最小二乘法,该法对于中小样本情况,其估计结果较好,其偏差较小或收敛较快。在软件可靠性增长模型的选择标准上,本章总结了与极大似然法和最小二乘法相匹配的模型评价标准。

最后,研究了测试剖面与运行剖面的差异对软件可靠性增长模型中的参数故障检测率的影响,测试阶段故障检测率是两个方面作用的影响,一个是测试所固有的故障检测率,一个是测试人员的学习过程,提出了测试阶段综合这两个过程的故障检测率函数。软件的运行阶段按照运行剖面进行,运行阶段的故障检测率是故障本身所固有的故障检测率。根据测试阶段与运行阶段的故障检测率函数,建立了考虑测试与运行差别基于移动点的软件可靠性增长模型(TO－SRGM)。在公开发表的两组数据上验证,试验结果表明TO－SRGM在这两组失效数据集上,与其他的软件可靠性增长模型相比较具有很好的拟合效果与预测能力。

第 4 章 基于移动点和环境因子的软件可靠性增长模型

4.1 引 言

第 3 章讨论分析了测试剖面与运行剖面的差别，提出了测试和运行阶段的两种故障检测率形式，在移动点技术的基础上，建立了考虑这种差别的软件可靠性增长模型。实际上，软件的测试剖面是在软件运行剖面的基础上建立的，因而软件的测试剖面与运行剖面又是存在联系的。软件发展生命周期经历了需求分析、设计、实现、测试和现场运行五个阶段，在每个阶段，都有许多环境因素影响着软件的发展过程，从而影响最终的软件可靠性评估。在分析软件测试阶段与运行阶段的环境因素基础上，Pham 提出了环境因子的概念，将其定义为两种环境下平均的故障检测率的比值，这个比值是一个常数[47]。实际上，环境因子应该是随时间变化的变量。环境因子可以将测试阶段的故障检测率与运行阶段的故障检测率联系起来。由测试阶段的失效率和环境因子，可以预测运行阶段的失效率。通过环境因子与测试阶段故障检测率可以得到运行阶段故障检测率，在移动点技术的基础上，可以建立基于环境因子的软件可靠性增长模型。

本章首先概括总结了文献中提出的影响软件发展各个阶段的环境因素，重点分析了测试与运行阶段随时间变化的环境因子。在 NHPP 类软件可靠性增长模型框架基础上和移动点技术基础上，建立了从测试阶段到运行阶段考虑变化环境因子的基于移动点技术的软件可靠性增长模型框架。通过分析环境因子的具体形式和运行阶段故障检测率变化的形式以及故障排除效率,在统一的框架基础上,分别建立了基于环境因子与移动点技术的软件可靠性增长模型 TEO - SRGM、PTEO - SRGM。软件的测试阶段也存在移动点,将环境因子扩展到软件的测试阶段,建立了测试阶段基于移动点和环境因子的软件可靠性增长模型。

4.2 环 境 因 子

4.2.1 Hong Pham 等总结的环境因素

软件可靠性是很多因素的函数。Xuemei 和 Pham 总结了在软件发展过程中影响软件可靠性的因素,共有 32 种,其中最重要的 5 个因素包括:程序的复杂性,程序员的技巧,测试覆盖率,测试资源和测试环境。因此,Xuemei 和 Pham 认为一个好的软件可靠性模型,应尽可能的将这众多的因素包含进去,但实际情况并非如此[43]。Xuemei 和 Pham 经过对软件发展过程的深入研究和实际经验,进一步总结了在软件发展过程中影响软件可靠性的重要因素,见表4.1 所示。

在软件发展的各个阶段中, pham 明确提出测试阶段中测试环境的概念。软件的测试环境包括测试方法、测试资源消耗、测试覆盖率和测试工具等。软件测试的目的是尽快地发现故障,由于测试环境中上述环境因素的影响,在软件测试阶段通常体现了加速软件失效的作用。另外,软件的测试几乎是在一个恒定的环境下进行的,在达到用户要求的可靠性标准后,软件就会进入运行阶段。在软件的运行阶段,由于不同的硬件平台、操作系统和不同应用软件的作用,软件的运行环境和软件的测试环境很难一致。几乎所有的软件可靠件模型都假定测试环境就是将来软件的运行环境,这也就限制了对于要求高可靠性估计情况下的这些模型的可用性。由于测试环境和运行环境的不同,Musa J D 提出了运用测试加速因子和已知的测试阶段的失效率转换得到运行阶段的失效率,但是,上述的方法在实际中很难应用,因为它需要程序输入空间知识,而程序的执行时间很难跟踪得到[105]。一些学者通过加速测试的方法,用常量的加速因子校正测试阶段剩余的失效数与运行环境初始的失效数[106]。最近几年 Teng XiaoLin 等提出利用环境因子(Environmental factor)降低因测试环境和运行环境的差别给软件可靠性评估精度造成的损失[44~49]。这种方法用一个随机变量表示环境因子,软件系统在运行环境下的故障检测率为测试环境下的故障检测率除以环境因子,Teng XiaoLin 等还利用环境因子构造了一个 NHPP 类软件可靠性增长模型。Teng 等的方法假设环境因子仅影响故障检测率并且环境因子不随时间变化。

表 4.1　各个阶段影响软件可靠性的重要的环境因素[44]

(Table 4.1　Significant Environmental factors for each phase[44])

Phase	Variables	Name	Parameter estimate	P - value	R^2
General	F1	Program complexity	9.17	0.000 1	0.969 7
	F6	Percentage of reused modules	3.17	0.090 7	
Analysis ang design	F8	Frequency of program specification change	3.37	0.063 5	0.980 1
	F10	Design methodology	4.90	0.006 3	
	F13	Work standards	6.42	0.006 8	
Coding	F17	Development team size	8.88	0.019 20.9551	
	F19	Domain knowledge	6.46	0.034 1	
Testing	F21	Testing environment	12.57	0.000 1	0.970 3

4.2.2　随时间变化的环境因子分析

Teng 等提出了环境因子的概念用来描述测试和运行环境的差

别[44~49],环境因子被定义为 $k=\bar{b}_{test}/\bar{b}_{field}$,其中,$\bar{b}_{test}$ 和 $\bar{b}_{field}$ 分别代表平均的测试和运行阶段的故障检测率(FDR)。这些学者认为环境因子是常数。事实上,环境因子与测试和运行阶段变化的故障检测率有关,应该随时间变化。有些学者认为建立软件可靠性增长模型时应考虑测试资源的消耗[93,95],并从软件可靠性评价和开发管理方面考虑,根据实测数据和经验讨论了测试阶段和运行阶段故障检测率先增后减的变化趋势。

各种 SRGM 中,两个最重要的参数就是软件初始故障数和故障检测率。故障检测率表示当前时刻单位时间内每个故障被检测到的平均概率,用来衡量测试的效率,是测试技术和测试环境的函数。由 3.4.1 的分析知,测试阶段故障检测率函数主要有常数、增函数和减函数三种形式。

实际上,软件中隐藏的故障被检测到的概率并不相同,容易检测到的故障首先被检测出来并排除掉,随着测试的进行,剩余的故障平均被检测到的概率会降低。在实际运行阶段,如果没有其他因素的影响,剩余的故障被检测到的概率会越来越低,运行阶段 FDR 应是一个递减的函数,并且经过了足够长的时间还没被发现的故障,其被检测到的概率趋近于 0。软件测试阶段的 FDR 无论是哪种情况,环境因子都应是随着时间变化的函数。

4.3 NHPP 类可靠性增长模型框架

4.3.1 测试阶段 NHPP 类可靠性增长模型框架

为了更准确地描述软件的测试过程,在可靠性建模时应考虑故障检测率函数,因不完美调试引入的新故障以及因排错延迟产生的故障排除效率函数。Liu Hong - wei 等在 Hoang Pham 等提出测试阶段软件可靠性增长模型框架的基础上,建立了一个考虑这些因素的可靠性增长模型框架[101]。

为了构建软件可靠性增长模型框架，做如下假设：

(1)软件的失效强度与软件中尚未发现的故障总数成正比；

(2)软件调试过程不完美，即调试时可能会引入新的软件故障，故障引入率 $q(t)$ 是随时间变化的函数；

(3)故障检测率 $p(t)$ 是时间的函数，描述测试的学习过程和软件固有故障检测率的变化；

(4)故障排除效率是时间的函数 $p(t)$，描述检测到的故障被正确排除的概率随测试时间的变化。

本小节我们把故障排除效率函数 $p(t)$，故障检测率函数 $b(t)$，故障引入率函数 $q(t)$，集成在一个 NHPP 类软件可靠性增长模型框架 $m(t)$ 中。$p(t)$ 表示在时刻 t 被发现的一个故障被立即排除的概率。$q(t)$ 表示引入新故障的概率，即在时刻 t 排除一个故障时引入新的软件故障的概率。$x(t)$ 表示被正确排除的故障数的期望值。a_0 表示测试开始时，软件中潜伏的故障数。模型其余假设条件与前一小节相同。可以通过求解下面的微分方程组求得中值函数 $m(t)$：

$$\begin{cases} \dfrac{\mathrm{d}m(t)}{\mathrm{d}t} = b(t)[a(t) - x(t)] \\ \dfrac{\mathrm{d}x(t)}{\mathrm{d}t} = p(t)\dfrac{\mathrm{d}m(t)}{\mathrm{d}t} \\ \dfrac{\mathrm{d}a(t)}{\mathrm{d}t} = q(t)\dfrac{\mathrm{d}m(t)}{\mathrm{d}t} \end{cases} \tag{4-1}$$

这个微分方程组的边界条件：

$$\begin{cases} m(0) = 0 \\ a(0) = a_0 \\ x(0) = 0 \end{cases} \tag{4-2}$$

从上面两个方程组容易得到：

$$x(t) = \int_0^t p(\tau)\lambda(\tau)\mathrm{d}\tau \tag{4-3}$$

$$a(t) = a_0 + \int_0^t q(\tau)\lambda(\tau)\mathrm{d}\tau \tag{4-4}$$

把方程(4－3)和(4－4)带入到方程(4－1)中得：

$$\lambda(t) = b(t)\left\{a_0 + \int_0^t [q(\tau) - p(\tau)]\lambda(\tau)\mathrm{d}\tau\right\} \tag{4-5}$$

令

$$L(t) = \int_0^t [q(\tau) - p(\tau)]\lambda(\tau)\mathrm{d}\tau \tag{4-6}$$

从方程(4－5)和(4－6)容易得到：

$$\frac{\mathrm{d}L(t)}{\mathrm{d}t} = [q(t) - p(t)]b(t)[a_0 + L(t)] \tag{4-7}$$

由方程(4－7)知 $L(t)$的解：

$$L(t) = a_0\left\{\exp\left\{\int_0^t [q(\tau) - p(\tau)]b(\tau)\mathrm{d}\tau\right\} - 1\right\} \tag{4-8}$$

由方程(4－5)和(4－8)得：

$$\lambda(t) = a_0 b(t)\exp\left\{\int_0^t [q(\tau) - p(\tau)]b(\tau)\mathrm{d}\tau\right\} \tag{4-9}$$

因此，故障累计数的中值函数 $m(t)$的解：

$$m(t) = a_0\int_0^t \left\{b(\tau)\exp\left\{\int_0^\tau [q(\nu) - p(\nu)]b(\nu)\mathrm{d}\nu\right\}\right\}\mathrm{d}\tau \tag{4-10}$$

根据方程(4－3)和(4－9)，到时刻 t 被排除的故障的期望值：

$$x(t) = a_0\int_0^t p(\tau)b(\tau)\exp\left\{\int_0^\tau [q(\nu) - p(\nu)]b(\nu)\right\}\mathrm{d}\tau \tag{4-11}$$

故障总数的期望值：

$$a(t) = a_0\left\{1 + \int_0^t q(\tau)b(\tau)\exp\left\{\int_0^\tau [q(\nu) - p(\nu)]b(\nu)\mathrm{d}\nu\right\}\mathrm{d}\tau\right\} \tag{4-12}$$

本小节提出的软件可靠性增长模型框架把故障排除效率看成时间

的函数。当 $p(t)=1$ 时，这个模型转换成另外一个软件可靠性增长模型框架[101]。在最简单的情况下，$q(t)=0, p(t)=1, b(t)=b$，这个模型就会转换成 Goel – Okumoto 模型。当 $p(t)=p$ 时，这个模型就会转换成文献[39]提出的可靠性模型框架。表 4.2 中许多著名的 NHPP 类软件可靠性增长模型都可以从这个框架中得到。

4.3.2 考虑测试与运行环境差别的软件可靠性增长模型框架

本小节将随时间变化的环境因子融入到 NHPP 类软件可靠性增长模型中，建立一个考虑测试环境与运行环境差别的软件可靠性增长模型框架。这个框架既包括测试阶段的软件可靠性增长模型，又包括运行阶段的软件可靠性增长模型。因为 NHPP 类软件可靠性增长模型的种类很多，为简化问题，在软件的测试阶段，假设如下：

(1)软件的失效强度与软件测试阶段中尚未发现的故障总数成正比；

(2)软件调试过程不完美，即调试时可能会引入新的软件故障，故障引入率 $q(t)$ 是不随时间变化的常数 q；

(3)故障检测率 $b(t)$ 是不随时间变化的常数 b；

(4)故障排除效率 $p(t)$ 是不随时间变化的常数 p。

将 $b(t)$、$p(t)$ 和 $q(t)$ 代入测试阶段 NHPP 类框架中，测试阶段软件可靠性增长模型：

$$m(t)=\frac{a}{(p-q)}\{1-\exp[-b\cdot(p-q)\cdot t]\} \qquad (4-13)$$

在软件的运行阶段，假设如下：

(1)软件的失效强度与软件运行阶段中尚未发现的故障总数成正比；

(2)软件调试过程不完美，即调试时可能会引入新的软件故障，故障引入率与测试阶段相同，是不随时间变化的常数 q；

(3)故障检测率 $b_o(t)$ 是由测试阶段故障检测率 b 和环境因子转化而来的；

(4)故障排除效率 $p(t)$ 与测试阶段的相同，是不随时间变化的常数 p。

表 4.2　软件可靠性增长模型及其 $m(t)$ 和 $b(t)$

(Table 4.2　Summary of some SRGMs and their $m(t)$ and $b(t)$)

模型名称	模型类型	模型的中值函数($m(t)$)	说明
Goel-Okumoto 模型	凹形	$m(t)=a(1-e^{-bt})$ $a(t)=a$ $b(t)=b$	也被称为指数模型或 Musa 模型
Yamada 指数不完美调试模型(Y-Expl)	凹形	$m(t)=[ab/(\alpha+b)](e^{\alpha t}-e^{-bt})$ $a(t)=ae^{\alpha t}$ $b(t)=b$	假设指数型的故障总数函数，常数型的故障检测率
Yamada 线性不完美调试模型(Y-LinI)	凹形	$m(t)=a[1-e^{-bt}][1-(\alpha/b)]+\alpha at$ $a(t)=a(1+\alpha t)$ $b(t)=b$	假设常数型的故障引入率和常数型的故障检测率
变形的 S-形软件可靠性增长模型	S-形	$m(t)=a[1-e^{-bt})/(1+\beta e^{-bt}]$ $a(t)=a$ $b(t)=b/(1+\beta e^{-bt})$	当 $\beta=0$ 时转化为 Goel-Okumoto
延迟的 S-形软件可靠性增长模型	S-形	$m(t)=a[1-(1+bt)e^{-bt}]$ $a(t)=a$ $b(t)=\frac{b^2t}{1+bt}$	修改的 Goel-Okumoto 模型，使其具有 S-形
P-Z 模型[101]	S-形或凹形	$m(t)=[1/(1+\beta e^{-bt})]\{(c+a)\times(1-e^{-bt})-[a/(b-\alpha)](e^{-\alpha t}-e^{-bt})\}$ $a(t)=c+a(1-e^{-bt})$ $b(t)=b/(1+\beta e^{-bt})$	假设故障引入率是指数型的函数，故障检测率是非递减的变形的 S-形曲线

表 4.2(续)

模型名称	模型类型	模型的中值函数($m(t)$)	说明
Z-T-P 模型	S-形	$m(t)=\frac{a}{p-\beta}\left[1-\left(\frac{(1+\alpha)e^{-bt}}{1+\alpha e^{-bt}}\right)\right]^{(c/b)(p-\beta)}$ $a(t)=\beta m(t)$ $b(t)=c/(1+\alpha e^{-bt})$	假设故障引入率是常数,故障检测率是非递减的变形的 S-形曲线
Yamada 指数模型	S-形	$m(t)=a(1-e^{-r\alpha(1-e^{-\beta t})})$ $a(t)=a$ $b(t)=r\alpha\beta e^{-\beta t}$	试图考虑测试强度
CPZ-SRGM	S-形或凹形	$m(t)=a\left(1+\alpha t-\frac{bt+1}{e^{bt}}\right)-\frac{a\alpha(1+bt)}{be^{bt+1}}$ $\left[\ln(bt+1)+\sum_{i=0}^{\infty}\frac{(1+bt)^{i+1}-1}{(i+1)!(i+1)}\right]$ $a(t)=a(1+\alpha t)$ $c(t)=1-(1+bt)e^{-bt}$ $b(t)=\frac{b^2t}{1+bt}$	假设故障引入率是测试时间的线性函数,把测试覆盖率函数引入到软件可靠性增长模型中
增强的 Goel - Okumoto 模型	S-形或凹形	$m(t)=a(1-e^{-bt})$ $a(t)=a$ $b(t)=bct^{c-1}$	$c=1$,模型退化为 Goel - Okumoto 模型
R-N-Z 模型	S-形或凹形	$m(t)=\{a[1-e^{-bt}]\times[1-(\alpha/b)]+\alpha at\}/(1+\beta e^{-bt})$ $a(t)=a(1+\alpha t)$ $b(t)=b/(1+\beta e^{-bt})$	假设故障引入率是测试时间的线性函数,故障检测率是非递减的变形的 S-形曲线

假设随时间变化的环境因子为 $e(t)$,设运行阶段的故障检测率为 $b_o(t)$,由公式

$$\frac{b}{b_o(t)}=e(t) \tag{4-14}$$

易知，运行阶段的故障检测率为 $b_o(t)=\dfrac{b}{e(t)}$，设运行阶段软件的初始故障数为 a_o，可得运行阶段故障累计数的均值函数公式：

$$m_o(t)=\frac{a_o}{p-q}\{1-\exp[-B^*(t)]\} \tag{4-15}$$

这里，

$$B^*(t)=\int_0^{\tau}b_o(t)\mathrm{d}t \tag{4-16}$$

假设软件的发布时间是 T，那么，运行阶段初始故障数：

$$a_o=a-(p-q)\cdot m(T)=a\cdot\exp[-b\cdot(p-q)\cdot T] \tag{4-17}$$

运行阶段的均值函数：

$$m_o(t)=\frac{a\cdot\exp[-b\cdot(p-q)\cdot T]}{p-q}\{1-\exp[-B^*(t)]\},t>T \tag{4-18}$$

这里，

$$B^*(t)=\int_T^{T+\tau}b_o(t)\mathrm{d}t \tag{4-19}$$

因此，可以得到测试到运行阶段的均值函数如下：

$$m(t)=\begin{cases}\dfrac{a}{p-q}[1-\exp(-b\cdot t)],t\leqslant T\\[2ex]\dfrac{a\cdot\exp[-b\cdot(p-q)\cdot T]}{p-q}\{1-\exp[-B^*(t)]\},t>T\end{cases} \tag{4-20}$$

4.4 基于环境因子与移动点的软件可靠性增长模型(TEO－SRGM)

上一小节建立了基于环境因子和移动点技术的软件可靠性增长模型框架。根据相似软件或者软件已发布的版本可以得到环境因子。不同的软件，环境因子的具体形式也是不同的，同一个软件可能具有多个已发布的版本，得到环境因子的具体形式也是不同的。本节首先根据软件测试和运行阶段的实测数据集计算环境因子的具体形式，然后建立基于环境因子与移动点技术的软件可靠性增长模型 TEO－SRGM。

4.4.1 随时间变化的环境因子推导

为了近似描述变化的环境因子，定义环境因子：

$$k(t) = \frac{b_{test}(t)}{b_{field}(t)} \tag{4-21}$$

$b_{test}(t)$和 $b_{field}(t)$分别代表测试和运行阶段的故障检测率。为了近似的描述环境因子的变化趋势，根据实测数据，用离散的随时间变化的均值描述环境因子的变化趋势。因此，随时间变化的环境因子均值被定义为

$$\bar{k}(t) = \frac{\bar{b}_{test}(t)}{\bar{b}_{field}(t)} \tag{4-22}$$

$\bar{b}_{text}(t)$和 $\bar{b}_{field}(t)$分别代表测试和运行阶段随时间变化的平均的故障检测率。

假设软件测试阶段在时间 T 结束，进入到软件的现场运行阶段。软件运行阶段的失效率可以通过式(4－23)计算，其中，a 表示用 G－O 模型拟合整个测试阶段和运行阶段的失效数据而得到的估计数，$m(t)$表示到时间 t 累计的期望失效数。

$$\lambda(t) = b_{field}(t) \times [a - m(t)] \tag{4-23}$$

离散的运行阶段的平均的失效率可以用下式表示为

$$\overline{\lambda}(t_i) = \frac{N(t_i)}{t_i} \tag{4-24}$$

$N(t_i)$表示到时间 t_i 的实测的累计失效数。如果 $m(t)$用 $N(t)$代替，$\lambda(t)$用$\overline{\lambda}(t)$代替，那么随时间变化的平均的 FDR 可表示：

$$\bar{b}_{field}(t_i) = \frac{\overline{\lambda}(t_i)}{\hat{a} - N(t_i)} \tag{4-25}$$

因此,随时间变化的离散的平均的环境因子可表示:

$$\hat{k}(t_i) = \frac{\bar{b}_{test}(t_i)}{b_{field}(t_i)} \tag{4-26}$$

4.4.1.1 第一组数据集

在现有的发表的第一组数据上,因为测试阶段的失效数据呈现凹形[49],用 G-O 模型[11],增强 G-O 模型[13],Logarithmic 模型[14]拟合测试阶段的失效数据,拟合结果如表 4.3 所示。模型的预测能力[8]定义为

$$p = \frac{\hat{\hat{N}}(T) - N_{field}}{N_{field}} \tag{4-27}$$

假设软件测试阶段在时间 T 结束,进入到软件的现场运行阶段。$\hat{\hat{N}}(T)$ 表示软件测试阶段结束后估计的剩余故障数 N_{field} 表示在运行阶段实际观察的故障数。

表 4.3 列出了以上各模型拟合测试阶段数据的拟合能力和预测能力。从表中可以看到,G-O 模型与其他模型比较具有很好的拟合与预测能力,因此,测试阶段的失效数据选用 G-O 模型拟合。

表 4.3 比较模型拟合与预测能力比较

(Table 4.3 Comparisons among the goodness-of-fit and predictive power of compared models)

模型	SSE	R-square	*P*/%
G-O 模型	327.321	0.997 65	20
增强 G-O 模型	469.327	0.995 63	440.9
Logarithmic 模型	791.482	0.992 64	440.9

可以得到运行阶段随时间变化的平均的 FDR,变化趋势如图 4.1 所示。

因此,随时间变化的离散的平均的环境因子可表示:

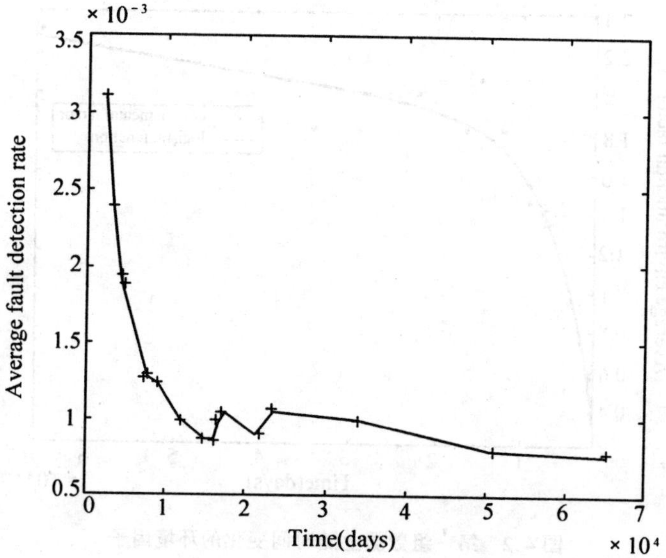

图 4.1　运行阶段平均的故障检测率

(Figure 4.1　Average fault detection rate of operational phase)

$$\bar{k}(t_i) = \frac{\bar{b}_{test}(t_i)}{b_{field}(t_i)} \tag{4-28}$$

可以得到环境因子 $\bar{k}(t)$变化趋势如图 4.2 所示。

4.4.1.2　第二组数据集

在现有的发表的第二组数据[48]上，因为测试阶段的失效数据呈现凹形，用 G－O 模型[11]，增强 G－O 模型[13]，Logarithmic 模型[14]拟合测试阶段的失效数据，拟合结果如表 4.4 所示。表 4.4 列出了以上各模型拟合测试阶段数据的拟合能力和预测能力。从表 4.4 可以看到，G－O 模型与其他模型比较具有很好的拟合与预测能力，因此，测试阶段的失效数据选用 G－O 模型拟合。

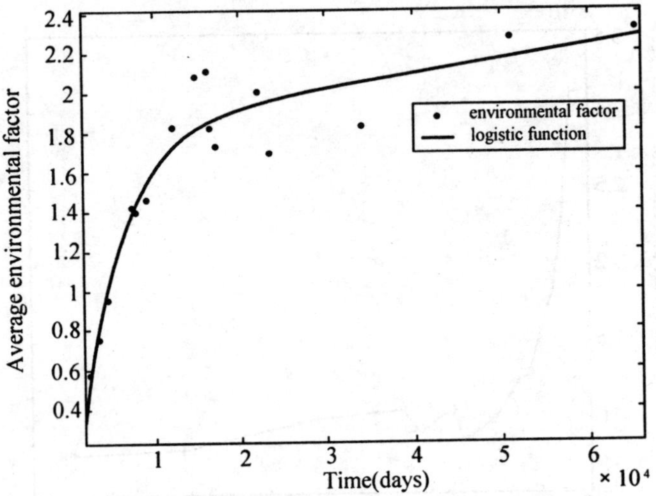

图 4.2 第一组数据上随时间变化的环境因子

(Figure 4.2 Time-varying environmental factors of $\bar{k}(t)$)

表 4.4 比较模型的拟合与预测能力

(Table 4.4 Goodness – of – fit and predictive power of compared SRGMs)

模型	SSE	R – square	P/%
G – O 模型	0.003 41	0.998 33	28.14
增强 G – O 模型	0.007 14	0.997 19	4 037
Logarithmic 模型	0.020 53	0.992 97	1 789

可以得到环境因子 $\bar{k}(t)$变化趋势如图 4.3 所示。

环境因子这种大致的非递减趋势可以用 logistic 曲线表示[15], logistic 曲线在实际应用中有很多优秀表现[107],如下式所示:

$$\bar{k}(t) = \frac{N}{1 + A \cdot \exp(-\partial \cdot t)} \tag{4-29}$$

对于软件产品,软件运行阶段的失效数据可以在以前发布后的版本

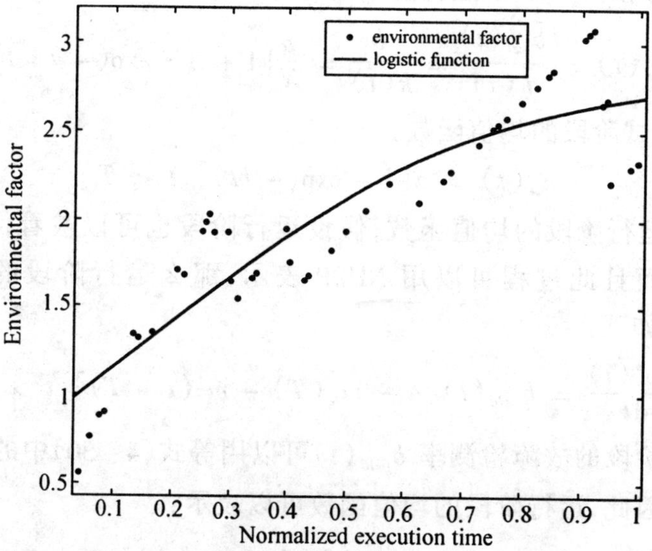

图 4.3 第二组数据集上随时间变化的环境因子

(Figure 4.3 Time - varying environmental factors of $\bar{k}(t)$ for the second data set)

中得到。因此,可以根据经验数据得到环境因子[8~9],从而可以预测软件运行阶段的失效率。

4.4.2 TEO - SRGM 推导

在这个模型中,我们将突出故障检测率函数和变化的环境因子,为了简化模型的结构,本模型假设如下:

(1)无论是测试阶段还是运行阶段,软件失效都分别遵循一个 NHPP 过程;

(2)在任何时刻软件的失效率与软件中隐藏的故障数成正比;

(3)测试阶段每个故障的严重性和被检测到的可能性大致相同;

(4)运行阶段故障检测率是通过测试阶段故障检测率和变化的环境因子转化得到的。

如何从测试阶段的故障检测率得到运行阶段的故障检测率呢?由

等式(4 - 22)和(4 - 29)，运行阶段的 FDR 可表示：

$$\bar{b}_{field}(t) = \frac{\bar{b}_{test}(t)}{\bar{k}(t)} = \frac{b}{\bar{k}(t)} = \frac{b}{N}[1 + A \cdot \exp(-\partial \cdot t)] \quad (4-30)$$

可以得到测试阶段的均值函数：

$$m_{te}(t) = a[1 - \exp(-bt)], t \leqslant T \quad (4-31)$$

那么,对于运行阶段的均值函数,假设运行阶段也可以被看作一个故障检测过程,而且此过程可以用 NHPP 表示,那么运行阶段的均值函数 $m^o(t)$推导如下：

$$\frac{\mathrm{d}m^o(t)}{\mathrm{d}t} = b_{field}(t)[a - m_{te}(T) - m^o(t - T)], t > T \quad (4-32)$$

其中,运行阶段的故障检测率 $b_{field}(t)$可以用等式(4 - 30)中的 $\bar{b}_{field}(t)$近似的代替,因此,运行阶段的均值函数可以表示：

$$m^o(t) = [a - m_{te}(T)] \cdot [1 - e^{-B^*(t)}], t > T \quad (4-33)$$

其中

$$B^*(t) = \int_T^t b_{field}(\tau)\mathrm{d}\tau, t > T \quad (4-34)$$

将等式(4 - 30)代入等式(4 - 34),可得：

$$\begin{aligned} B^*(t) &= \int_T^t \frac{b}{N}[1 + A \cdot \exp(-\partial \cdot t)]\mathrm{d}\tau \\ &= (b/N) \cdot \{(t - T) - (A/\partial) \cdot [\exp(-\partial \cdot t) - \exp(-\partial \cdot T)]\}, \\ & t > T \end{aligned} \quad (4-35)$$

从而,可得测试和运行阶段的均值函数：

$$m(t) = \begin{cases} a(1 - e^{-bt}) & , t \leqslant T \\ ae^{-bT}\{1 - e^{-\left\{\frac{b}{N}\left[(t-T)-\left(\frac{A}{\partial}\right)\cdot(e^{-\partial t} - e^{-\partial \cdot T})\right]\right\}}\} + m(T) & , t > T \end{cases} \quad (4-36)$$

这个模型既考虑环境因子,又考虑测试环境与运行环境的差别,称为 TEO - SRGM。

4.4.3 性能比较

为了检验 TEO－SRGM 模型的拟合效果，用最小二乘法，在公开发表的第一组数据[49]和第二组数据[48]上，分别应用 TEO－SRGM 模型、G－O 模型[24]，Yamada 延迟 S 型[31]，logistic 模型[31]，增强 G－O 模型[18]，Logarithmic 模型和 Compertz 模型[104]。

4.4.3.1 第一组数据集

TEO－SRGM 与其他模型的最小二乘法求解的参数值见表 4.5 所示。表中也列出了其他的两个比较标准 SSE，R－squares。除此以外，定义估计准确性[13]：

$$\mathrm{PE} = \left| \frac{m_a - a}{m_a} \right| \tag{4-37}$$

m_a 代表软件测试结束后观测的实际失效数，a 代表累计故障数的估计值。

表 4.5 第一组数据集上不同模型的比较结果

(Table 4.5 Comparison results of different SRGMs for the first data set)

比较标准	LSE	SSE	R－square	PE/%
TEO－SRGM	$a = 207.4$ $N = 63.07$ $\partial = 8.437$ $A = 1.239E-7$ $b = 0.0018$	429.358	0.997 8	2.17
Yamada 延迟 S 型	$a = 213.5$ $b = 0.09348$	806.3	0.996 2	5.17
G－O 模型	$a = 301.3$ $b = 0.02431$	3 914	0.981 4	48.42
增强 G－O 模型	$a = 208$ $b = 0.008258$ $c = 1.543$	565.8	0.997 3	2.46
Logarithmic 模型	$a = 203.7$ $b = 0.0377$	4 957	0.976 4	7.59
Logistic 模型	$a = 197.9$ $b = 12.41$ $c = 0.1419$	882.9	0.995 8	2.51
Compertz 模型	$a = 208.9$ $b = 0.03101$ $c = 0.9139$	434.6	0.997 9	2.906

从表 4.5 可以看出,TEO – SRGM 的这两个比较标准值要优于其他的模型。

图 4.4 描述了所比较模型的 RE 值。从图 4.4 可以看出,TEO – SRGM比其他的模型更快地趋近于 0。

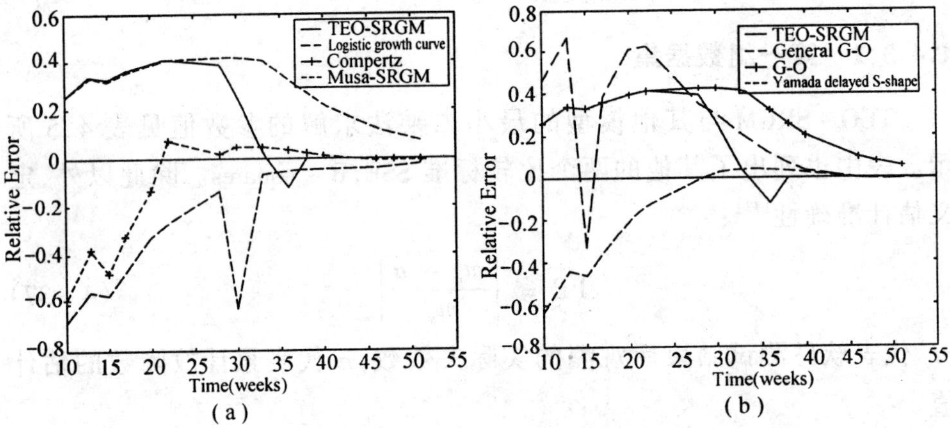

图 4.4 比较模型的 RE 曲线

(Figure 4.4 RE curves for the compared SRGMs)

(a)TEO – SRGM 和 logistic 模型、Compertz 模型和 Musa 模型的 RE 曲线

(RE curves for the TEO – SRGM, logistic growth curve model, Compertz model and Musa model);

(b)TEO – SRGM 和增强 G – O 模型、G – O 模型和 Yamada 延迟 S 型的 RE 曲线

(RE curves for the TEO – SRGM, General G – O, G – O and Yamada delayed S – shape model)

从以上比较的表格与图形,可以得到下述结论:在第一组失效数据集上,TEO – SRGM 比其他几个模型拟合和预测能力要好。

因为 TEO – SRGM 包括了多个参数,经过敏感性分析,可以得到哪一个参数对模型评估和预测的影响比较大。参数敏感性分析的结果见表 4.6 所示。可以看到,a 与 b 对于估计的故障数有较大的影响,其余的 3 个参数对于估计结果的影响比较小。

表 4.6 参数敏感性分析

(Table 4.6 Numerical values of sensitivity analysis for parameters)

x	a	N	δ	A	b
20	0.156 81	-0.034 91	-0.004 23	-0.065 67	0.166 41
15	0.124 16	-0.028 79	-0.003 67	-0.063 45	0.154 31
10	0.072 23	-0.044 36	-0.031 46	-0.062 34	0.144 56
5	0.005 45	-0.035 68	-0.045 12	-0.061 23	0.009 79
-5	-0.091 83	-0.052 55	-0.056 66	-0.059 67	-0.073 42
-10	-0.124 57	-0.067 18	-0.045 67	-0.059 64	-0.111 96
-15	-0.189 34	-0.081 75	-0.043 46	-0.057 36	-0.134 94
-20	-0.272 08	-0.068 97	-0.043 06	-0.056 33	-0.108 45

参数 a 代表软件的初始故障数，而且是评估软件可靠性的重要参数。表 4.7 列出了本模型与其他模型这个参数的置信区间。

表 4.7 参数 a 的置信区间比较结果

(Table 4.7 Comparisons of confidence limits for parameter a)

比较标准	上限	下限
TEO - SRGM	222.6	192.1
Yamada 延迟 S 型	217.1	210
G - O 模型	335.5	267.2
增强的 G - O 模型	212.3	203.7
Logarithmic 模型	249.7	157.7
Logistic 模型	201.7	196.1
Compertz 模型	211.7	206.1

4.4.3.2 第二组数据集

TEO - SRGM 与其他模型的最小二乘法求解的参数值见表 4.8 所

示。除此以外,表中也列出了其他的几个比较标准:SSE,R - squares,PE。从表中可以看出,TEO - SRGM 的这几个比较标准值要优于其他的模型。

表 4.8　第二组数据集上不同模型的比较结果

(Table 4.8 Comparison results of different SRGMs for the second data set)

比较标准	SSE	R - square	PE/%
TEO - SRGM	0.043 111 7	0.983 9	1.78
Yamada 延迟 *S* 型	0.244 3	0.968 5	3.69
G - O 模型	0.064 4	0.981 7	2.64
增强的 G - O 模型	0.062 85	0.981 6	2.55
Logarithmic 模型	1.032	0.867	8.65
Logistic 模型	0.119 1	0.984 7	3.25

图 4.5 描述了所比较模型的 RE 值,从图 4.5 可以看出,TEO - SRGM 比其他的模型更快地趋近于 0。

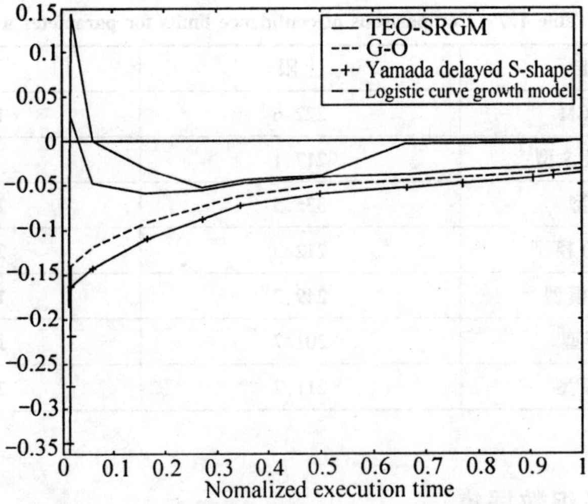

图 4.5　TEO - SRGM 与其他比较模型 RE 曲线

(Figure 4.5　RE curve for the proposed model and other compared models)

图 4.5 分别描述了所比较模型 RE 值,经过计算,在软件运行阶段结束时,TEO - SRGM、Yamada delayed S - shaped model、G - O 模型和 logisticgrowth curve model 的 RE 值分别为 - 0.000 49、- 0.036 9、- 0.026 4 和 - 0.031 5。因为 General G - O 模型和 Logarithmic 模型很大地偏离了 0,并且 RE 值在运行阶段结束时分别为 - 0.085 5和 - 0.106 9,因此在图中我们没有给出这两个模型 RE 值的变化趋势。

从以上比较的表格与图形,可以得到下述结论:在第二组失效数据集上,TEO - SRGM 比其他几个模型的拟合和预测能力要好。

因此,可以得到结论:在这两组失效数据集上,TEO - SRGM 模型的拟合与预测能力要比其他几个模型好。

4.5 TEO - SRGM 的修正模型 PTEO - SRGM

上一节建立了软件可靠性增长模型 TEO - SRGM。根据相似软件或者软件已发布的版本可以得到环境因子。不同的软件,环境因子的具体形式也是不同的,同一个软件可能具有多个已发布的版本,得到环境因子的具体形式也是不同的。本节首先计算出环境因子先增后减的形式,选择描述环境因子的具体形式。为了更准确的描述软件的测试过程,在可靠性建模时考虑到因不完美调试而引入的新故障以及因排错延迟而产生的排错效率,从而得到了既考虑运行环境和测试环境差别,又考虑故障排除效率和故障引入率的软件可靠性增长模型(PTEO - SRGM),并且与 TEO - SRGM 作了比较。

4.5.1 变化的环境因子

4.4.1 节在两组失效数据集上,经计算得到环境因子的变化趋势,实际上从图 4.2 和图 4.3 看,环境因子的变化趋势并不是完全非递减的形式,在测试过程的前一阶段表现了随时间增加的趋势,在结束时有少数数据又有随时间递减的趋势。具体的分析见下一节 PTEO - SRGM 模型推导。

4.5.1.1 第一组数据集

第一组数据集上,环境因子的变化如图 4.6 所示。

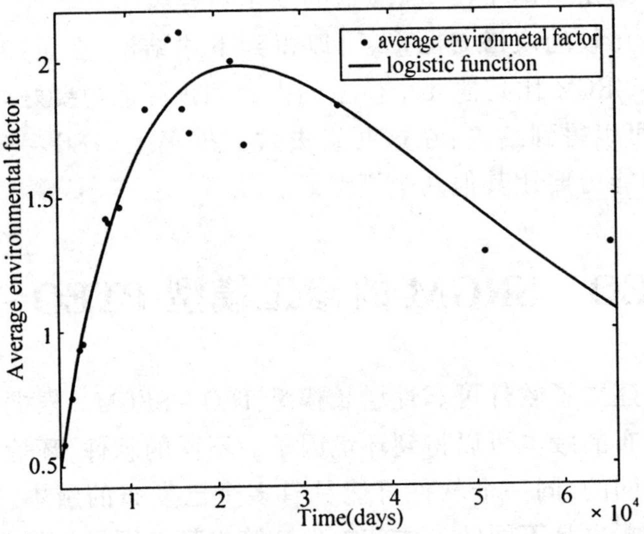

图 4.6 第一组数据集上随时间变化的环境因子

(Figure 4.6 Time-varying environmental factors of $\bar{k}(t)$ for the firstdata set)

4.5.1.2 第二组数据集

在这两组数据集上,经过计算,环境因子呈现先增后减的趋势,这种趋势可以用 logistic 曲线的微分形式描述,有些报告称 logistic 曲线在很多方面都有优秀的表现。

$$\bar{k}(t)=\frac{N\cdot A\cdot\partial\cdot\exp(-\partial\cdot t)}{[1+A\cdot\exp(-\partial\cdot t)]^2} \tag{4-38}$$

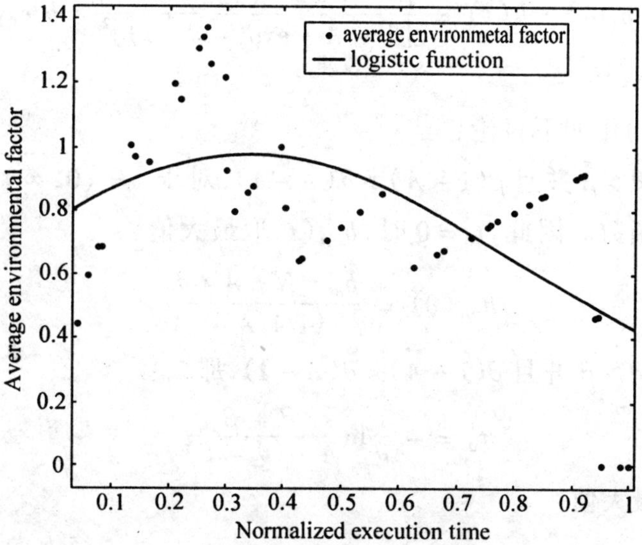

图 4.7　第二组数据集上随时间变化的环境因子

（Figure 4.7　Time – varying environmental factors of $\bar{k}(t)$ for the second data set）

4.5.2　PTEO – SRGM 模型推导

故障检测率是用来描述测试技术有效性的，在软件测试过程中，容易被检测的故障首先被排除，剩余的故障在软件中越来越难被检测到。在软件的运行阶段，软件是按照运行剖面进行的，软件的故障只体现了故障本身所具有的性质，因此，可以用如下公式描述：

$$p_1(t) = b_o \exp^{-\beta t} \qquad (4-39)$$

由于测试环境和运行环境的不同，在软件测试阶段，测试环境对故障检测率的影响是非常重要的，这种影响可以用环境因子来描述。

实际上，测试阶段的故障检测率是两个方面作用的影响，测试阶段的故障检测率：

$$b_{test}(t) = p_1(t) \cdot \bar{k}(t) = \frac{N \cdot A \cdot \partial \cdot \exp(-\partial \cdot t)}{[1 + A \cdot \exp(-\partial \cdot t)]^2} \cdot b_o \exp(-\beta t) \tag{4-40}$$

对 $b_{test}(t)$作如下讨论：

(1)如果$\partial > \beta$并且$\beta(1+A) > \partial(A-1)$，对于 $t \in (0, \infty)$，$b_{test}(t)$是一个递减的函数。因此，$t_0 = 0$时，$b_{test}(t)$取最大值

$$b_{test}(0) = \frac{b_o \cdot N \cdot A \cdot \partial}{(1+A)^2} \tag{4-41}$$

(2)如果$\partial > \beta$并且$\beta(1+A) < \partial(A-1)$，那么

$$t_0 = -\frac{1}{\partial} \ln \frac{\partial + \beta}{A \cdot (\partial - \beta)} \tag{4-42}$$

$b_{test}(t)$取得最大值

$$b_{test}(t_0) = \frac{b_o \cdot N \cdot A \cdot \partial \cdot \left[\frac{\partial + \beta}{A \cdot (\partial - \beta)}\right]^{\frac{\partial + \beta}{\partial}}}{\left(1 + \frac{\partial + \beta}{\partial - \beta}\right)^2} \tag{4-43}$$

故障检测率是一个先增后减的函数。事实上，文献[93]对失效数据分析时，发现有多组数据的故障检测率呈现出这种先升后降的变化趋势。

本节建立一个既考虑环境因素，又考虑故障排除效率和故障引入率的从测试阶段到运行阶段的软件可靠性增长模型。本节中用到的符号及含义说明如下。

$a(t)$：与时间相关的故障总数函数，包括软件中的初始故障和故障排除时引入的新故障；

$b(t)$：与时间相关的故障检测率函数，单位时间内每个故障被发现的概率；

$m(t)$：中值函数，到时刻 t 能够发现的软件故障总数的期望值；

a：软件的初始故障数；

p：故障排除率；

q:故障引入率。

本模型除了满足 TEO－SRGM 的假设(1)和(2)以外,还要满足:

(1)故障的排除效率描述了故障被正确排除的概率,是一个常数 p;

(2)软件调试过程不完美,即调试时可能会引入新的软件故障,故障引入率是一个常数 q;

(3)测试阶段的故障检测率是由环境因子和固有的故障检测率转换来的;

(4)软件运行阶段严格按操作剖面进行,故障检测率体现了故障本身所具有的下降的性质。

测试阶段的均值函数推到如下:

$$\begin{cases} \dfrac{\mathrm{d}m_{te}(t)}{\mathrm{d}t} = b_{te}(t)\cdot[a(t) - p\cdot m_{te}(t)] \\ \dfrac{\mathrm{d}a(t)}{\mathrm{d}t} = q\cdot\dfrac{\mathrm{d}m_{te}(t)}{\mathrm{d}t} \end{cases}, t \leqslant T \quad (4-44)$$

这个方程组的初始条件:

$$m(0)=0,\quad a(0)=a$$

从而,可以得到测试阶段的均值函数:

$$m_{te}(t) = \frac{a}{p-q}\{1-\exp[-(p-q)\cdot B^{*}(t)]\}, t \leqslant T \quad (4-45)$$

其中

$$B^{*}(t) = \int_0^t b_{best}(\tau)\mathrm{d}\tau, t \leqslant T \quad (4-46)$$

将公式(4－40)代入(4－46)中,得到

$$\begin{aligned} B^{*}(t) &= \int_0^t \frac{N\cdot A\cdot\partial\cdot\exp(-\partial\cdot t)}{[1+A\cdot\exp(-\partial\cdot t)]^2}\cdot b_0\exp(-\beta t)\mathrm{d}\tau \\ &= \sum_{k=0}^{+\infty}\frac{N\partial b_o A^{2k+1}\{1-\exp-[(2k+1)\partial+\beta]t\}}{(2k+1)\partial+\beta}, t \leqslant T \end{aligned} \quad (4-47)$$

因此

$$m(t)=\frac{a}{p-q}\left\{1-\exp\left\{-(p-q)\sum_{k=0}^{+\infty}\frac{N\partial b_0 A^{2k+1}\{1-\exp-[(2k+1)\partial+\beta]t\}}{(2k+1)\partial+\beta}\right\}\right\},t\leqslant T \quad (4-48)$$

那么，对于运行阶段的均值函数，假设运行阶段也可以被看作一个故障检测过程，而且此过程可以用 NHPP 表示[6]，那么运行阶段的均值函数 $m^o(t)$ 推导如下：

$$\begin{cases}\dfrac{\mathrm{d}m^o(t)}{\mathrm{d}t}=b_{field}(t)[a(t)-p\cdot m_{te}(T)-p\cdot m^o(t)]\\ \dfrac{\mathrm{d}[a(t)-p\cdot m_{te}(T)]}{\mathrm{d}t}=q\cdot\dfrac{\mathrm{d}m^o(t)}{\mathrm{d}t}\end{cases},t>T \quad (4-49)$$

解方程，得

$$m^o(t)=[a(\infty)-p\cdot m_{te}(T)]\cdot[1-\mathrm{e}^{-(p-q)\cdot B_o^*(t)}],t>T \quad (4-50)$$

易知

$$B_o^*(t)=\int_T^t b_o\mathrm{e}^{-\beta t}\mathrm{d}t=-\frac{b_o}{\beta}(\mathrm{e}^{-\beta t}-\mathrm{e}^{-\beta T}) \quad (4-51)$$

运行阶段的均值函数：

$$m^o(t)=[a(\infty)-p\cdot m_{te}(T)]\left\{1-\exp\left[-(p-q)-\frac{b_o}{\beta}(\mathrm{e}^{-\beta t}-\mathrm{e}^{-\beta T})\right]\right\},t>T \quad (4-52)$$

因此，测试阶段和运行阶段的均值函数推导如下：

$$m(t)=\begin{cases}\dfrac{a}{p-q}\left\{1-\exp\left\{-(p-q)\displaystyle\sum_{k=0}^{+\infty}\frac{N\partial b_o A^{2k+1}\{1-\exp-[(2k+1)\partial+\beta]t\}}{(2k+1)\partial+\beta}\right\}\right\},t\leqslant T\\ [a(\infty)-p\cdot m_{te}(T)]\left\{1-\exp\left[-(p-q)-\dfrac{b_o}{\beta}(\mathrm{e}^{-\beta t}-\mathrm{e}^{-\beta T})\right]\right\}+m(T),t>T\end{cases} \quad (4-53)$$

由于公式(4-53)中包含了一个从 0 到 $+\infty$ 的累加表达式，很难用数值的方法进行参数估算，不过容易知道，当 $A \leqslant 1$ 时：

$$\lim_{k \to \infty} \frac{N\partial b_o A^{2k+1}\{1 - \exp - [(2k+1)\partial + \beta]t\}}{(2k+1)\partial + \beta} = 0 \qquad (4-54)$$

因此，在满足方程(4－53)和用户精度需求的前提下，在实际应用中可以用下面的方程(4－55)近似的表示故障累计数期望函数方程。

$$m(t) = \begin{cases} \dfrac{a}{p-q}\left\{1 - \exp\left\{-(p-q)\sum\limits_{k=0}^{M}\dfrac{N\partial b_o A^{2k+1}\{1 - \exp - [(2k+1)\partial + \beta]t\}}{(2k+1)\partial + \beta}\right\}\right\}, t \leqslant T \\ [a(\infty) - p \cdot m_{te}(T)]\left\{1 - \exp[-(p-q) - \dfrac{b_o}{\beta}(e^{-\beta t} - e^{-\beta T})]\right\} + m(T), t > T \end{cases} \qquad (4-55)$$

M 的值在参数估算过程中根据用户的精度需求确定。

故障检测率函数 $b_{test}(t)$ 的曲线呈响铃形，是环境因子和固有的故障检测率作用的结果，本模型又考虑了故障的排除效率，称这个软件可靠性增长模型为 PTEO－SRGM。

4.5.3　性能比较

为了检验 TEO－SRGM 模型的拟合效果，用最小二乘法，在现有的发表的第一组数据[49]和第二组数据[48]上，分别应用 TO－SRGM 模型、G－O模型[24]，Yamada 延迟 S 型[31]，logistic 模型[31]，增强 G－O 模型[18]，Logarithmic 模型和 Compertz 模型[104]。

4.5.3.1　第一组数据集

首先在第一组数据集上通过实验确定数值。应用最小二乘法求解模型的参数，当时 PTEO－SRGM 的参数趋于稳定。这时，求解的参数结果：

$$a = 26.5 \quad p - q = 0.127 \quad N = 297\,513 \quad \partial = 0.000\,712\,4$$

$$A = 0.000\,690\,8 \quad b_o = 0.000\,125 \quad \beta = 0.01$$

PTEO－SRGM 与其他模型的最小二乘法求解的参数值见表 4.9 所

示。除此以外,表中也列出了其他的几个比较标准:SSE,R - squares,AE。从表可以看出,PTEO - SRGM 的这几个比较标准值要优于其他模型的。

表 4.9 不同模型的比较结果

(Table 4.9 Comparison results of different SRGMs)

模型	参数值	SSE	R - square	AE
PTEO - SRGM	$a = 26.5$ $p - q = 0.127$ $N = 297\ 513$ $\partial = 0.000\ 712\ 4$ $A = 0.000\ 690\ 8$ $b_o = 0.000\ 125$ $\beta = 0.01$	378.358	0.997 9	0.000 59
TEO - SRGM	$A = 207.4$ $n = 63.07$ $\partial = 8.437$ $a = 1.239E - 7$ $b = 0.001\ 8$	429.358	0.997 8	0.000 89
Yamada 延迟 S 型	$a = 213.5$ $b = 0.934\ 8$	806.3	0.996 2	0.005 81
G - O 模型	$a = 301.3$ $b = 0.024\ 31$	3 914	0.981 4	0.106 11
增强的 G - O 模型	$a = 208$ $b = 0.008\ 258$ $c = 1.543$	565.8	0.997 3	0.011 62
Logarithmic 模型	$a = 203.7$ $b = 0.037\ 7$	4 957	0.976 4	0.128 23
Logistic 模型	$a = 198.9$ $b = 12.41$ $c = 0.141\ 9$	882.9	0.995 8	0.039 26
Compertz 模型	$a = 208.9$ $b = 0.031\ 01$ $c = 0.913\ 9$	434.6	0.997 9	0.007 49

因为 PTEO - SRGM 包括了多个参数,经过参数的敏感性分析,可以得到哪一个参数对模型评估和预测的影响比较大。参数敏感性分析的结果见表 4.10 所示。可以看到,a 与 b^o 对于估计的故障数有较大的影响,其余的 3 个参数对于估计结果的影响比较小。

表 4.10　参数敏感性分析

(Table 4.10　Numerical values of sensitivity analysis for parameters)

x	a	$N\delta$	β	A	b_0	$p-q$
20	0.155 81	-0.034 91	-0.004 23	-0.065 67	0.134 61	0.137 81
15	0.108 16	-0.028 79	-0.003 67	-0.063 45	0.112 31	0.125 31
10	0.060 23	-0.044 36	-0.031 46	-0.062 34	0.094 56	0.114 56
5	0.003 45	-0.035 68	-0.045 12	-0.061 23	0.004 79	0.004 79
-5	-0.082 83	-0.052 55	-0.056 66	-0.059 67	-0.062 32	-0.098 32
-10	-0.130 57	-0.067 18	-0.045 67	-0.059 64	-0.112 56	-0.132 56
-15	-0.192 34	-0.081 75	-0.043 46	-0.057 36	-0.162 34	-0.182 34
-20	-0.245 08	-0.068 97	-0.043 06	-0.056 33	-0.132 34	-0.152 34

比较以上的表格与图形,可以得到下述结论:在第一组失效数据集上,PTEO - SRGM 比 TEO - SRGM 和其他几个模型拟合和预测能力要好。

4.5.3.2　第二组数据集

在第二组数据集上,PTEO - SRGM 与其他模型的最小二乘法求解的参数值见表 4.11 所示。除此以外,表中也列出了其他的几个比较标准:SSE,R - squares 和 AE。从表中可以看出,PTEO - SRGM 的这几个比较标准值要优于其他模型的。

从以上比较的表格与图形,可以得到下述结论:在第二组失效数据集上,PTEO - SRGM 比其他几个模型拟合和预测能力要好。

因此,可以得出结论:在这两组失效数据集上,PTEO - SRGM 比其他几个模型拟合和预测能力要好。

表 4.11 第二组数据集上不同的模型比较结果

(Table 4.11 Comparison results of different SRGMs for the second data set)

模型	SSE	R - square	AE
PTEO - SRGM	0.034 1	0.992 6	0.004 3
TEO - SRGM	0.043 111 7	0.983 9	0.007 8
Yamada 延迟 *S* 型	0.244 3	0.968 5	0.120 5
G - O 模型	0.064 4	0.991 7	0.054 9
增强的 G - O 模型	0.062 85	0.991 9	1.757 0
Logarithmic 模型	0.967 5	0.875 3	0.648 1
Logistic 模型	0.119 1	0.984 7	0.107 3
Compertz 模型	0.300 2	0.897 2	0.749 2

4.6 扩展的测试阶段软件可靠性增长模型

4.6.1 Huang,C.Y 等提出的具有移动点的软件可靠性增长模型

第三章我们讨论了移动点技术建立软件可靠性增长模型的优越性能,文献[53]在 G - O 模型的基础上,建立了具有移动点的 G - O 模型,具有移动点的 G - O 模型比经典的 G - O 模型在拟合与预测精度上都有所提高。文献[54]在 G - O 模型的基础上,考虑软件测试调试过程的不完美,建立了具有移动点与不完美调试的 G - O 模型,经试验数据验证,此模型的软件可靠性评估在预测精度上比经典的 G - O 模型有所提高。最近,Huang,C. Y 等学者考虑测试资源的消耗,在移动点技术的基础上,建立了测试阶段的软件可靠性增长模型[108],描述如下:

$$\frac{\mathrm{d}m(t)}{\mathrm{d}t} \times \frac{1}{w(t)} = r(t) \times [a - m(t)] \qquad (4-56)$$

并且

$$r(t) = \begin{cases} r_1, & 0 \leqslant t \leqslant \tau \\ r_2, & t > \tau \end{cases} \tag{4-57}$$

其中，$w(t)$代表在时间 t 消耗的资源，r_1，r_2 分别表示在移动点 τ 前后的每测试资源的故障检测率。解上述方程，得到：

$$m(t) = \begin{cases} a \times \{1 - \exp\{-r_1[W(t) - W(0)]\}\} \\ = a \times \{1 - \exp[-r_1 W^*(t)]\} & ,0 \leqslant t \leqslant \tau \\ a \times \{1 - \exp\{-\{r_1[W^*(\tau) + r_2(W(t) - W(\tau))]\}\}\} & ,t > \tau \end{cases} \tag{4-58}$$

经过试验在两组数据集上验证。第一组数据集为文献[109]提供的公开发表的数据，这个软件是 PL/I 的数据库管理软件，包括1 317 000行的代码，经历 19 周的测试，耗费 47.65CPU 时间，有 328 个故障被排除。除此以外，又经过长时间的测试，最终所查找的软件故障数为 358 个。第二组数据集为文献[13]提供的公开发表的数据，这些数据是实时命令控制系统软件，大小大约为21 700个命令，由 Bell 实验室开发，软件经过 21 周 9 个程序员 25.3CPU 时间完成测试，共排除了 136 个故障，据称又经过以后 3.5 年测试共发现 188 个故障。在这两组数据集上，Huang, C. Y. 等学者提出的模型分别与 G－O 模型和 Yamada 延迟 S 型进行比较，比较结果表明 Huang, C. Y. 等学者所提出模型的拟合与预测能力要比这两个模型好。

4.6.2　现有的测试阶段移动点模型存在的不足

虽然具有移动点的可靠性模型在可靠性评估的准确性方面取得了很大的进展，这些模型用两个完全不同的 FDR 描述移动点前后的测试环境不同[52～54]，而传统的模型则完全忽视了这种不同。实际上，具有移动点的模型前后的 FDR 既有区别又有联系。软件测试是一个连续的统一的过程，共经历单元测试、集成测试和系统测试三个阶段。在每一个阶段,测试组的成员和所使用的操作系统都是相似的。因此,由于测试环境的相似性,在移动点前后的故障检测率具有一定的联系,这些联系可以用环境因子来描述。因为软件的测试过程是可以跟踪的,所以可以得到环境因子。可以根据移动点前的失效数据和环境因子预测移动点后的失效强度,并且利用这个环境因子可以调整软件的测试过程,从而对于软件测试过程资源分配的调节起关键作用。本章 4.2 节讨论了环境因子,环境因子包含了除测试资源消耗的其他很多重要因素,而 Huang,C. Y.等仅用测试资源的消耗描述移动点前后测试环境的联系。

在描述测试与运行环境差别时,Teng 等提出了用环境因子来描述。实际上,软件测试过程所经历的各个阶段的环境也是不同的,为了描述在软件测试阶段的移动点问题,因此将 Teng 的环境因子扩展运用到软件的测试阶段具有移动点的情况,Teng 等提出的环境因子是恒定的。从软件的测试过程来看,软件的测试是根据测试剖面,开发测试用例,运用各种测试策略,例如,边缘值测试、等价类测试和基于路径覆盖率的测试等等。不同的测试用例具有不同的故障检测能力,在任何一个测试阶段,为了提高测试的速度和效率,测试者会首先运行那些检测能力强的覆盖率高的测试用例,这会导致 FDR 下降,如果测试转入到新的阶段,同样道理,FDR 仍会下降。很难保证两个 FDR 在测试阶段一直以相同的比例下降。因此,为了更好的描述环境对 FDR 的影响,应该采用一个随时间变化的函数来描述环境因子。

4.6.3 随软件测试过程变化的环境因子分析

上一小节我们分析了测试阶段运用环境因子的优点,即可以将测试阶段具有移动点的故障检测率联系起来。本节首先分析在软件测试过程中变化的环境因子。

故障检测率是用来描述测试技巧和测试用例的故障检测能力。在软件的测试过程中,关于故障检测率的变化形式,除了 3.4.1 节分析的

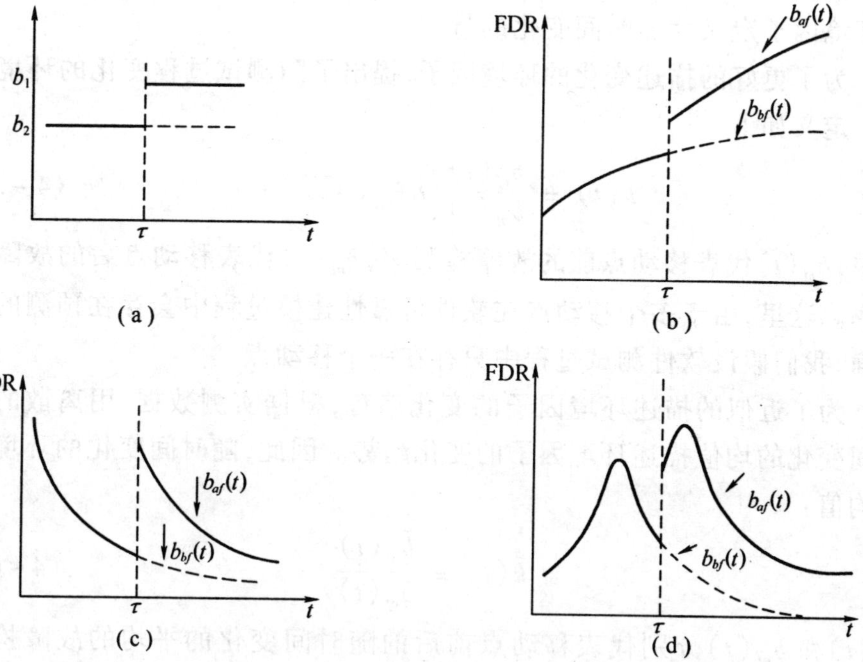

图 4.8 移动点前后随时间变化的 FDR

(Figure 4.8 The changing FDRfunction with respect to the testing time before and after change - point)

(a)常数 FDR(Constant FDR);(b)增加的 FDR(An increasing FDRfunction with respect to the testing time);(c)递减的 FDR(A decreasing FDRfunction with respect to the testing time);(d)先增后减的 FDR(First increasing and then decreasing FDRfunction with respect to the testing time)

三种常数形式、增函数形式和减函数形式,还有先增后减的函数共四种形式。

因此,如果在移动点的前后采用相同的软件可靠性增长模型,关于移动点前后故障检测率的形式共有四种,如图 4.8 中(a)、(b)、(c)与(d)所示,τ 表示移动点,$b_{bf}(t)$代表移动点前的故障检测率,$b_{af}(t)$代表移动点后的故障检测率。从图中可以看出,在第一种情况下,环境因子是一个常数,其余的三种情况,都是随时间变化的量。因此,更一般情况下,将环境因子定义为随时间变化的量。

为了更好的描述变化的环境因子,提出了随测试过程变化的环境因子。定义如下:

$$k(t) = \frac{b_{bf}(t)}{b_{af}(t)}, t \in (\tau, +\infty] \tag{4-59}$$

其中,$b_{bf}(t)$代表移动点前的故障检测率,$b_{af}(t)$代表移动点后的故障检测率。这里,由于多个移动点在软件可靠性建模过程中会存在预测的不准确,我们假设软件测试过程中只存在一个移动点。

为了近似的描述环境因子的变化趋势,根据实测数据,用离散的随时间变化的均值描述环境因子的变化趋势。因此,随时间变化的环境因子均值:

$$\bar{k}(t) = \frac{\bar{b}_{bf}(t)}{\bar{b}_{af}(t)} \tag{4-60}$$

$\bar{b}_{bf}(t)$和$\bar{b}_{af}(t)$分别代表移动点前后的随时间变化的平均的故障检测率。在移动点后,软件的运行环境发生了变化,软件测试在t_{end}结束。到时间τ发现并且排除的累计故障数的期望值为$m(\tau)$。移动点后到时间t发现并且排除的累计故障数的期望值为$m(t)$,实际发现并排除的故障数为$N(t)$。剩余的故障数$\overline{N}(t)$,可以通过下式计算:

$$\overline{N}(t) = a - N(t) \tag{4-61}$$

$\overline{N}(t)$可以通过最小二乘法估计值$\hat{a}$计算。移动点后的软件的失效率可以通过式(4-62)计算,其中,a表示用G-O模型拟合整个测试阶段的失效数据而得到的估计数,$m(t)$表示到时间t累计的期望失效数。

$$\lambda(t) = b_{af}(t) \times [a - m(t)] \tag{4-62}$$

移动点后离散的平均的失效率可以用下式表示:

$$\overline{\lambda}(t_i) = \frac{N(t_i) - N(t_{i-1})}{t_i - t_{i-1}} \tag{4-63}$$

$N(t_i)$表示到时间 t_i 的实测的累计失效数。如果 $m(t)$用 $N(t)$代替，$\lambda(t)$用$\overline{\lambda}(t)$代替，那么随时间变化的平均的 FDR 可表示：

$$\bar{b}_{af}(t_i) = \frac{\overline{\lambda}(t_i)}{\hat{a} - N(t_i)} \tag{4-64}$$

因此，随时间变化的离散的平均的环境因子可表示：

$$\bar{k}(t_i) = \frac{\bar{b}_{bf}(t_i)}{\bar{b}_{af}(t_i)}, t_i \in (\tau, t_{end}] \tag{4-65}$$

4.6.4 随测试过程变化环境因子推导

在现有的发表的两组数据上[109,13]上进行验证，因为软件的测试过程是可以跟踪的，因此，在这两组数据集上，移动点 τ 是已知的。

4.6.4.1 第一组数据

在第一组数据上[109]，用 G－O 模型，Yamada 延迟 S 型，Logitic 模型拟合测试阶段移动点前的失效数据，拟合结果如表 4.12 所示。

表 4.12 第一组数据集上 3 个模型的拟合结果比较

(Table 4.12 Goodness－of－fit of three models for the first data set)

比较标准	SSE	R－square	LSE
G－O 模型	332	0.938 3	$a = 236$ $b = 0.115$
Yamada 延迟 S 型	187.5	0.975 1	$a = 128.5$ $b = 0.625\,4$
Logistic 模型	108.9	0.985 6	$a = 112.6$ $A = 19.73$ $b = 1.184$

从这些模型的比较结果看，logistic 模型要优于另外几个模型，因此，在移动点前选择 logistic 模型拟合失效数据。$b_{bf}(t)$可以推导如下：

$$\frac{\mathrm{d}m(t)}{\mathrm{d}t} = b_{bf}(t)(a - m(t)) \tag{4-66}$$

logistic 模型均值函数：

$$m(t) = \frac{a}{1 + Ae^{-bt}} \tag{4-67}$$

公式(4-67)代入(4-66)，$b_{bf}(t)$推导如下：

$$b_{bf}(t) = \frac{b}{(1 + Ae^{-bt})} \tag{4-68}$$

公式(4-68)是非递减的S形，表明测试者的学习过程。在软件测试过程中，测试者的学习过程和测试有效性是紧密相连的。随着测试的进行，测试者对软件产品越来越熟悉，测试者就会提高测试过程[3,34]，软件的故障检测率递增，随着测试的进行，故障检测率的增加会变得越来越慢，软件的失效率会大大地减少，测试的有效性就会降低，因此测试者就会采用新的测试工具去提高单位时间内检测的故障数，这样在软件的测试过程中就会产生移动点。

$\bar{b}_{bf}(t)$可以用在移动点前故障检测率所达到的最大值$\bar{b}_{bf}$代替，推导如下：

$$\bar{b}_{bf} = \lim_{t \to \infty} \frac{b}{1 + Ae^{-bt}} = b \tag{4-69}$$

$\bar{b}_{af}(t)$代表移动点后平均的故障检测率，用实测数据可得到，如图4.9所示。

环境因子的变化趋势，如图4.10所示。

4.6.4.2 第二组数据集

在第二组数据[13]上，因为移动点前的失效数据呈S形，用Yamada延迟S型，Logitic模型拟合测试阶段移动点前的失效数据，拟合结果如表4.13所示。

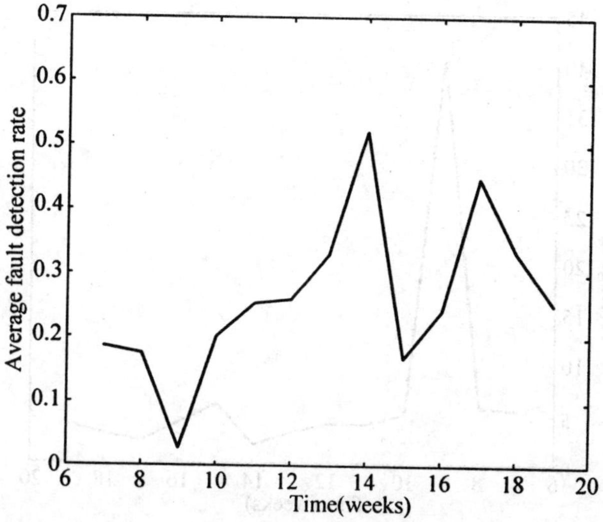

图 4.9 移动点后的平均的故障检测率

(Figure 4.9 Average fault detection rate after the change – point)

表 4.13 在 Musa 等的数据集上 Logistic 模型和 Yamada 模型的拟合结果

(Table 4.13 Goodness – of – fit of logisticmodel and Yamadamodel for data (Musa et.al.))

比较标准	SSE	R – square	LSE
Logistic 模型	11.4	0.948 3	$a=80$ $A=245.7$ $b=0.490\,8$
Yamada 延迟 S 型	29.1	0.864 7	$a=200$ $b=0.05$

从这些模型的比较结果看，logistic 模型要优于另外几个模型，因此，在移动点前选择 logistic 模型拟合失效数据。

$\bar{b}_{af}(t)$代表移动点后平均的故障检测率，用实测数据可得到，如图 4.11 所示。环境因子 $\bar{k}(t)$的变化趋势，如图 4.12 所示。

4.6.4.3 环境因子的具体形式

从以上两组数据集对环境因子的分析，环境因子 $\bar{k}(t)$的变化趋势

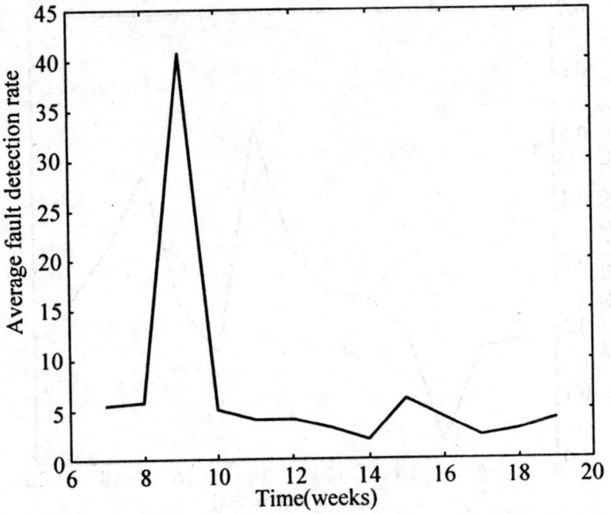

图 4.10 第一组数据集上变化的环境因子

(Figure 4.10 Environmental factor of the first data set)

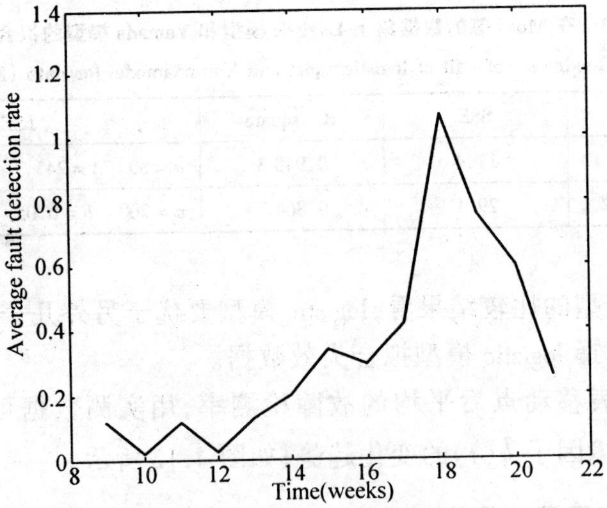

图 4.11 移动点后平均的故障检测率

(Figure 4.11 Average fault detection rate after the change point)

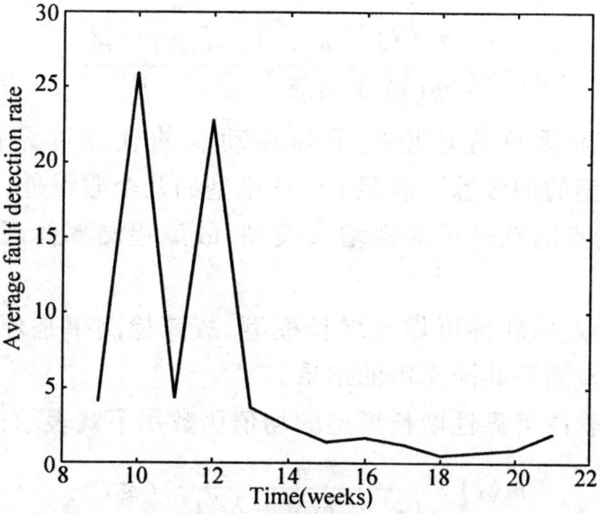

图 4.12　第二组数据集上变化的环境因子

(Figure 4.12　Environmental factor of the second data set)

是递减的。因为随着测试的进行，测试技术和测试工具的有效使用使移动点后的故障检测率呈现非递减的趋势，因此，环境因子呈现递减的变化趋势。这种趋势可以用下式描述[31]：

$$\bar{k}(t) = B \cdot \exp(-\partial \cdot t) \tag{4-70}$$

4.6.5　模型推导

许多学者假设移动点前后用同一个软件可靠性增长模型描述，然而，在移动点前后，软件测试的环境发生了改变，开始测试时，测试者对软件的了解越来越多，测试者会很快地提高软件的测试进程，故障检测率主要依赖于测试者的学习能力，随着测试的进行，学习过程会逐渐饱和，测试技术和测试工具的有效使用会提高故障检测率。因此，在移动点前后，描述软件失效过程的软件可靠性增长模型是不同的。移动点后的故障检测率 $\bar{b}_{af}(t)$ 可以由移动点前的故障检测率和环境因子计算得到，如下式：

$$\bar{b}_{af}(t)=\frac{\bar{b}_{bf}(t)}{\bar{k}(t)}=\frac{\bar{b}_{bf}(t)}{Be^{-\partial^* t}}=\frac{\bar{b}_{bf}(t)^* e^{\partial^* t}}{B} \tag{4-71}$$

建立测试阶段具有环境因子和移动点的软件可靠性增长模型 CE－SRGM，模型的假设除了满足 G－O 模型的几个假设外，还要满足：

(1)在移动点前软件可靠性增长模型，故障检测率体现了测试者的学习过程；

(2)在移动点后软件可靠性增长模型，故障检测率是环境因子和移动点前的故障检测率共同作用的结果。

移动点前软件可靠性增长模型的均值函数用下式表示：

$$m(t)=\frac{a}{1+A^*\exp(-b^*t)}, t\leqslant\tau \tag{4-72}$$

这里，移动点发生在 τ 时刻，在 τ 时刻以后，软件测试进入另一个环境。

移动点后的累计失效数的均值函数 $m^{af}(t)$，推导如下：

$$\frac{dm^{af}(t)}{dt}=b_{af}(t)[a-m(\tau)-m^{af}(t)], t>\tau \tag{4-73}$$

$b_{af}(t)$可以用 $\bar{b}_{af}(t)$代替，易得下式：

$$b_{af}(t)=\frac{\bar{b}_{bf}}{k(t)}=\frac{\bar{b}_{bf}}{Be^{-\partial t}} \tag{4-74}$$

因此

$$m^{af}(t)=[a-m(\tau)]\{1-\exp[-B^*(t)]\}, t>\tau \tag{4-75}$$

这里

$$B^*(t)=\int_{\tau}^{t_{end}} b_{af}(t)dt, t>\tau \tag{4-76}$$

公式(4－74)代入公式(4－76)，得

$$B^*(t)=\int_{\tau}^{t_{end}}\frac{\bar{b}_{bf} * e^{\partial * t}}{B}dt=\frac{\bar{b}_{bf}}{B\partial}(e^{\partial t_{end}}-e^{\partial\tau})=\frac{b}{B\partial}(e^{\partial t_{end}}-e^{\partial\tau}), t>\tau \tag{4-77}$$

因此,移动点前后的软件可靠性增长模型:

$$m(t)=\begin{cases}\dfrac{a}{1+A^{*}\exp(-b^{*}t)}, t\leqslant\tau \\ [a-m(\tau)][1-\mathrm{e}^{-\frac{b}{B\partial}(\mathrm{e}^{\partial t_{end}}-\mathrm{e}^{\partial\tau})}]+m(\tau), t>\tau\end{cases} \tag{4-78}$$

这个模型既考虑环境因子,又是在软件的测试阶段,称本模型为CE-SRGM。

4.6.6 性能比较

为了检验CE-SRGM模型的拟合效果,用最小二乘法,在现有的发表的第一组数据和第二组数据上,分别应用CE-SRGM模型、Huang的模型、G-O模型、Yamada延迟S型、logistic模型和增强的G-O模型。

4.6.6.1 第一组数据集

CE-SRGM与其他模型的最小二乘法求解的参数值见表4.14所示。除此以外,表中也列出了其他的三个比较标准:SSE,R-squares和PE。从表中可以看出,CE-SRGM的这三个比较标准值要优于Huang提出的模型、G-O模型和Yamada延迟S型。

通常说来,置信区间代表参数值以一定的置信度落在指定区间。图4.13(a)、(b)和(c)表示CE-SRGM、G-O模型和Yamada延迟S型累计失效数、拟合失效数和比较模型95%的置信区间。

表4.14 第一组数据集上模型的比较结果

(Table 4.14 Comparison results of different SRGMs for the first data set)

比较标准	LSE	SEE	R-square	PE/%
CE-SRGM	$a=374$ $b=0.94$ $A=16.72$ $B=15.29$ $\delta=1e-07$	127.2	0.9951	7.76

表 4.14(续)

(Table 4.14 Comparison results of different SRGMs for the first data set)

比较标准	LSE	SEE	R - square	PE/%
Huang 的模型	$a = 398.114$ $r_1 = 0.0473895$ $r_2 = 0.0408960$	136.8	0.987 9	11.20
Yamada 延迟 S 型	$a = 374.1$ $b = 0.1977$	320.5	0.983 7	17.76
G - O 模型	$a = 760.5$ $b = 0.03227$	265.6	0.986 5	34.36

图 4.13(d)描述了 CE - SRGM、G - O 模型、Yamada 延迟 S 型的实际失效数据、拟合数据的比较。图 4.13(e) ~ (g)描述了所比较模型的 RE 值。从这些图和表可以看出,CE - SRGM 与 G - O 模型、Yamada 延迟 S 型相比较,在拟合能力与预测能力方面,要比其他的模型更好。

4.6.6.2 第二组数据集

第二组数据集,移动点 τ 大概位于第 8 周。CE - SRGM 与其他模型的最小二乘法求解的参数值见表 4.15 所示。除此以外,表 4.15 也列出了其他的三个比较标准:SSE, R - squares 和 AE。从表 4.15 可以看出,CE - SRGM的这三个比较标准值要优于 Huang 提出的模型、G - O 模型、Yamada 延迟 S 型、增强的 G - O 模型和 logistic 模型。

图 4.14(a)、(b)、(c)和(d)表示 CE - SRGM、Yamada 延迟 S 型、增强 G - O 模型和 logistic 模型的累计失效数、拟合失效数和比较模型 95% 的置信区间。

图 4.14(e) ~ (h)描述了 CE - SRGM、Yamada 延迟 S 型、增强 G - O 模型和 logistic 模型所比较模型的 RE 值。从这些图和表可以看出,CE - SRGM与 Yamada 延迟 S 型、增强 G - O 模型和 logistic 模型相比较,在拟合能力与预测能力方面,要比其他的模型更好。

表 4.15　第一组数据上不同模型的比较结果

(Table 4.15　Comparison results of different SRGMs for the first data set)

比较标准	LSE	SSE	R - square	PE/%
CE - SRGM	$a = 140$　$b = 0.473\ 7$ $A = 378.9$　$b = 13.45$　$\partial = 0.271\ 3$	142	0.993 1	17.8
Huang 的模型	$a = 139.665$　$r_1 = 0.757\ 705$　$r_2 = 0.231\ 555$	156	0.992 8	25.71
Yamada 延迟 S 型	$a = 200$　$b = 0.096\ 659$	567	0.9042	47.76
Logistic 模型	$a = 154.2$　$A = 146.1$　$b = 0.348\ 3$	235	0.995 4	21.3
增强 G - O 模型	$a = 200$　$b = 0.000\ 139\ 1$　$c = 3.024$	25.7	0.825 6	56.8

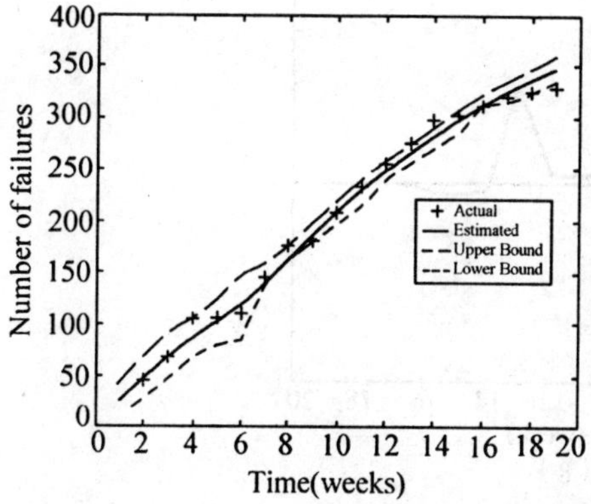

(a)

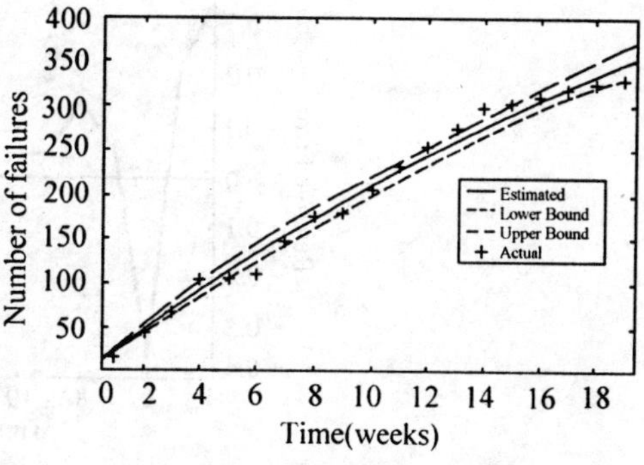

(b)

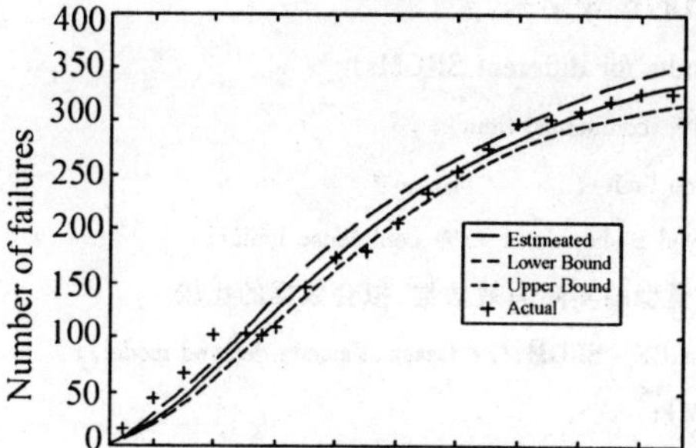

(c)

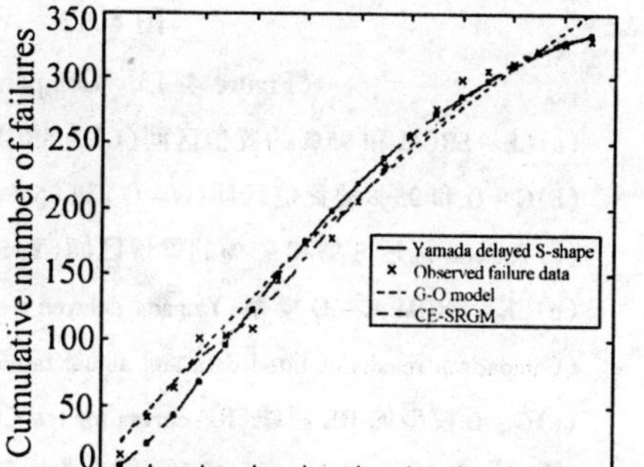

(d)

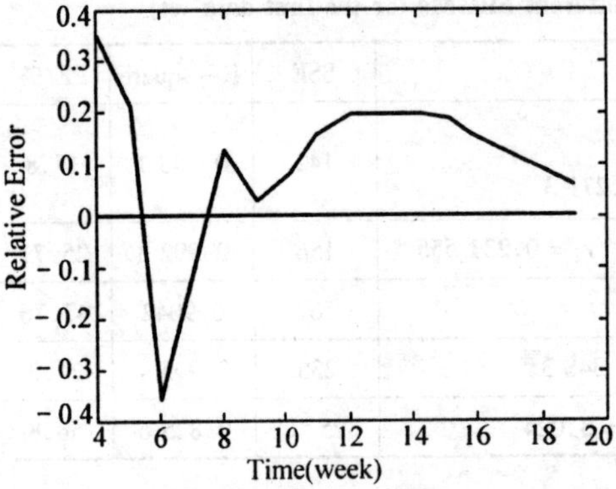

(e)

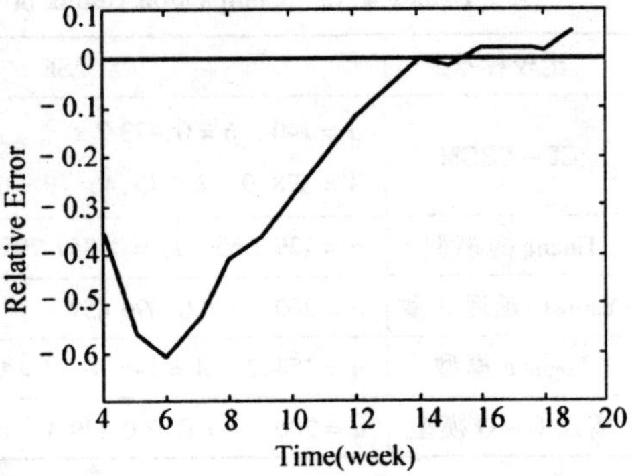

(f)

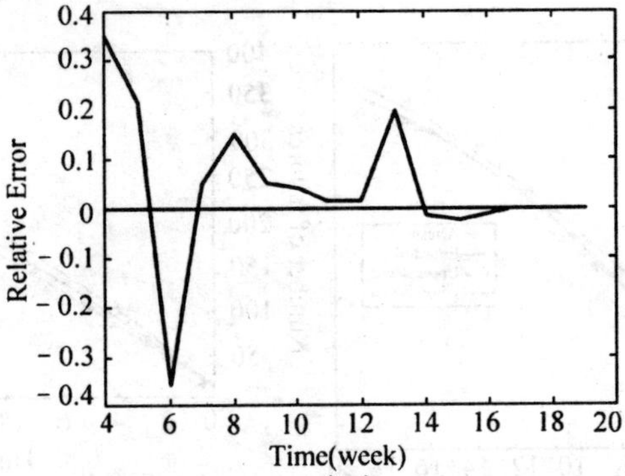

(g)

图 4.13　不同模型的比较结果

(Figure 4.13　Comparative results for different SRGMs)

(a)CE－SRGM 和 95%的置信区间(CE－SRGM and 95% confidence limit);

(b)G－O 和 95%的置信区间(G－O and 95% confidence limit);

(c)Yamada 延迟 S 型和 95%的置信区间(Yamada delayed S-shape and 95% confidence limit);

(d)CE－SRGM、G－O 模型、Yamada delayed S－shaped 模型的实际失效数据、拟合数据的比较(Comparison results of fitted data and actual failure data for CE－SRGM, G－Osaga, Yamada delayed model);

(e)G－O 模型的 RE 曲线(RE curves for the CE－SRGM);

(f)Yamada delayed S－shape 模型的 RE 曲线(RE curves for Yamada delayed S-sahpe);

(g)CE－SRGM 的 RE 曲线(RE cure for CE－SRGM)

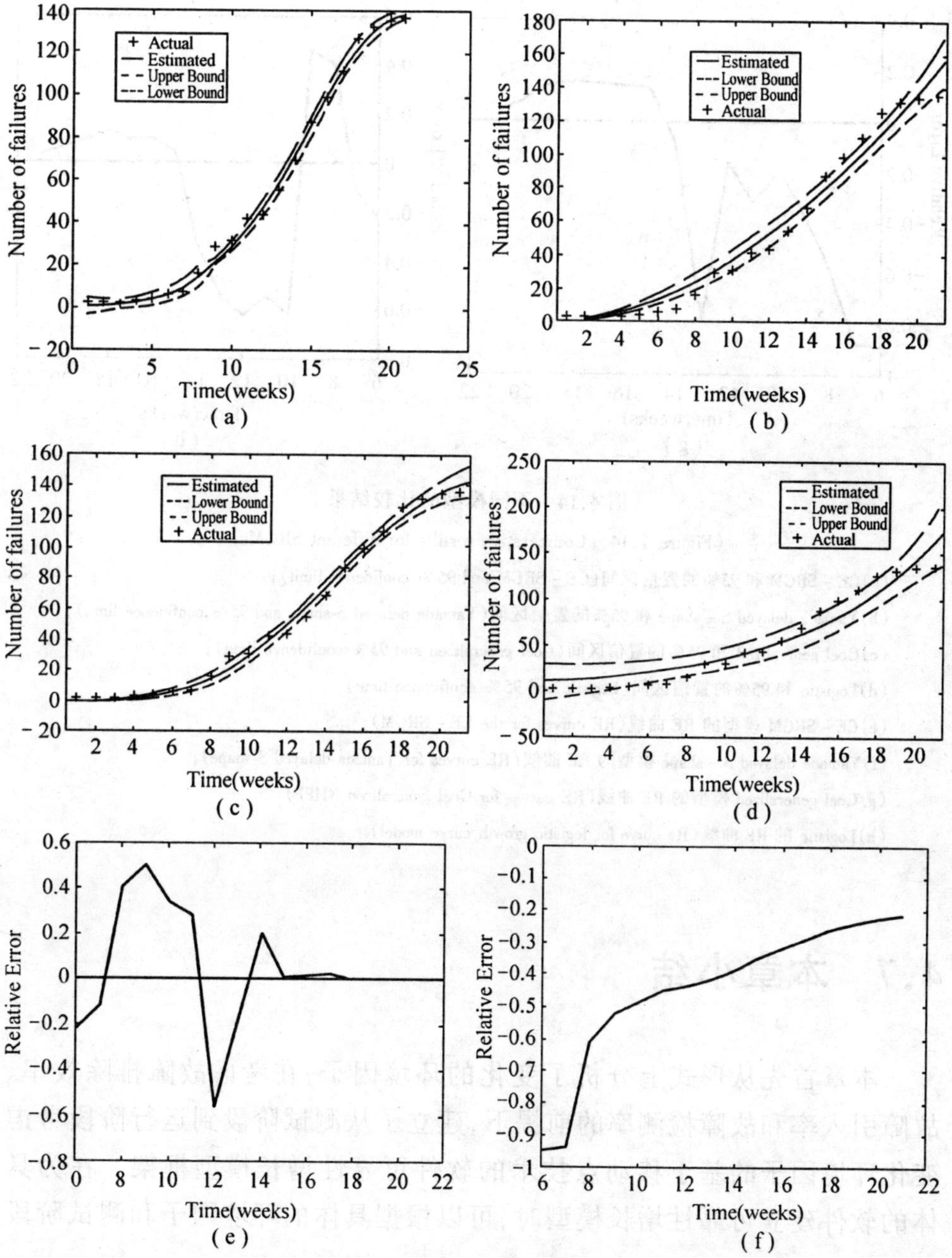
Number of failures
Time(weeks)
Actual
Estimated
Upper Bound
Lower Bound
(a)
(b)
(c)
(d)
Relative Error
(e)
(f)

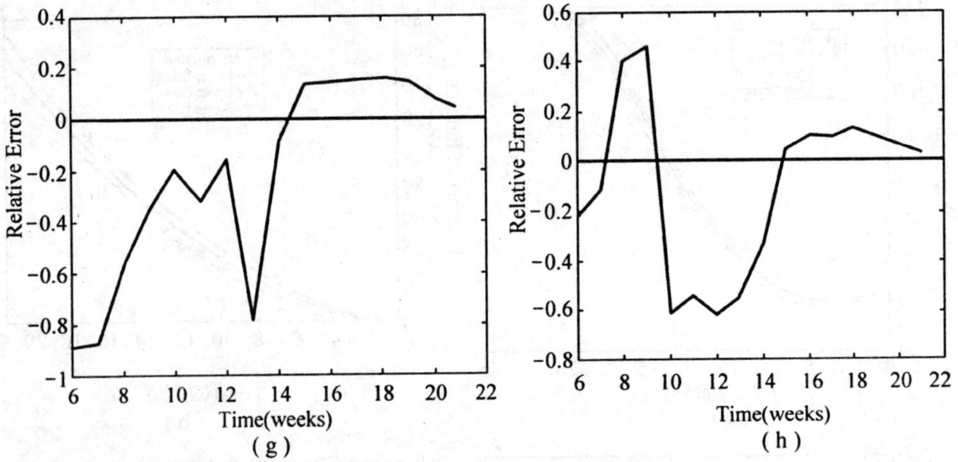

图 4.14　不同模型的比较结果

(Figure 4.14　Comparative results for different SRGMs)

(a)CE－SRGM 和 95%的置信区间(CE－SRGM and 95% confidence limit);

(b)Yamada delayed S－shape 和 95%的置信区间(Yamada delayed S-shape and 95% confidence limit);

(c)Goel generalized 和 95%的置信区间(Goel generalized and 95% confidence limit);

(d)Logistic 和 95%的置信区间(Logistic and 95% confidence limit)

(e)CE－SRGM 模型的 RE 曲线(RE curves for the CE－SRGM);

(f)Yamada delayed S－shape 模型的 RE 曲线(RE curves for Yamada delayed S-shape);

(g)Goel generalized 模型的 RE 曲线(RE curves for Goel generalized NHPP);

(h)Logistic 的 RE 曲线(Re curve for logistic growth curve model)

4.7　本章小结

本章首先从形式上分析了变化的环境因子,在考虑故障排除效率、故障引入率和故障检测率的前提下,建立了从测试阶段到运行阶段考虑变化环境因子的基于移动点技术的软件可靠性增长模型框架。在为具体的软件建立可靠性增长模型时,可以根据具体的环境因子和测试阶段失效数据的趋势分析，从而建立符合用户需求的软件可靠性增长模型。使模型的假设更符合实际要求，为测试到运行阶段的软件可靠性建模提供有效的方法和手段。

其次对环境因子进行理论的分析，研究环境因子变化的趋势，并且用常见的在很多方面有优秀表现的 logistic 函数描述，提出了从测试阶段到运行阶段的基于环境因子的软件可靠性增长模型 TEO - SRGM。研究结果表明，这个模型在某些失效数据集上的拟合与预测效果比其他的模型好。

再次进一步研究了环境因子变化的趋势，并且用更加符合这个趋势的函数替代 TEO - SRGM 模型的环境因子，考虑到运行阶段故障检测率只体现故障本身的随机下降趋势，测试阶段的故障检测率是环境因子与固有故障检测率两方面作用的结果，建立了一个综合故障排除效率和故障引入率，考虑了环境因子的软件可靠性增长模型 PTEO - SRGM。研究结果表明，PTEO - SRGM 在某些失效数据集上，拟合与预测效果比 TEO - SRGM和其他的模型好。

最后分析软件测试过程存在的移动点，研究传统的软件可靠性增长模型和基于测试资源的移动点模型的建模不足之处，将环境因子扩展到软件的测试阶段，可以根据移动点前的失效数据和环境因子可以预测移动点后的失效强度，并且利用这个环境因子可以调整软件的测试过程，从而对于软件测试过程资源分配的调节起关键作用。具体分析了环境因子的几种可能变化形式，并且根据实际失效数据，计算得到了环境因子的具体形式，建立了测试阶段的基于环境因子与移动点技术的软件可靠性增长模型 CE - SRGM。研究结果表明，在某些失效数据集上的拟合与预测效果比其他的模型好。

第5章 考虑故障相关性的软件可靠性增长模型

5.1 引 言

绝大多数的软件可靠性增长模型都假设故障之间是独立的,实际上,在软件的测试过程中,故障之间的相关性是普遍存在的。例如,测试者为了寻找软件故障的根源,要使用一系列的测试手段,例如,基于结构的混合、集群的和随机的测试。这些测试方法通常运行一系列的测试用例,这些测试用例之间具有一定的相关性。因此,为了准确地评估和预测软件可靠性,在建立软件可靠性增长模型时要考虑故障之间存在的相关性。但是,近几年只有少数的学者研究过具有故障相关性的软件可靠性增长模型。文献[58]研究故障之间的相关性,将相关的故障分为两类,研究了这两类故障对软件可靠性的影响。文献[59]建立了考虑故障相关性的软件可靠性增长模型,并且研究了相关性对软件可靠性的影响。文献[60]在文献[59]的基础上,提出了故障相关性的3种形式,建立了考虑故障相关性的、基于Markov更新过程的软件可靠性增长模型。尽管文献[60]提出了故障相关性的软件可靠性增长模型,但是模型评估的关键数据,如评价两次运行之间的相关性参数是很难得到的,所以考虑故障相关性的软件可靠性增长模型,很难定量的计算软件可靠性。文献[42]在建立模型时,对软件故障之间的相关性分为两类,一类是独立的故障,另一类是相关的故障,对这两类故障进行分别建模。

现有的考虑故障相关性的软件可靠性增长模型对软件可靠性评估

的精度与预测能力都有很大的提高,使模型的假设更贴近于实际[61]。然而,在建模的过程中存在很大的局限性。首先,文献[42]在建立软件可靠性模型时,将软件的故障分为独立的和相关的两类故障。实际上,在软件测试过程中,当独立的故障被排除时,相关的故障就会被检测和排除,这时相关的故障就会变成独立的故障,从而故障之间的相关关系就会改变。因此,不能简单的将软件的故障分为独立的和相关的故障。第二,对故障相关性的分类只是以一种简单的非形式化的方式进行。然而,在实际情况下,故障之间的相关性是非常复杂的,因此有必要对故障相关性进行形式化描述。最后,随着测试时间的进行,故障之间的相关关系是不断改变的,这种变化使得独立故障和相关故障的比例关系也在不断变化。因此,故障出现率 $e(t)$,定义为在时刻 t,每排除独立故障出现的相关故障数,$e(t)$是随时间变化的。

另一方面,软件的测试剖面与运行剖面是存在差别的,在软件的运行阶段,绝大多数相关性故障已经被排除,故障检测率体现了故障本身具有的下降趋势。因此,这两个阶段故障检测率是不同的。

本章首先对软件故障相关性用有向图进行了形式化的分析,然后分析了随时间变化的相关故障出现率,最后建立了既考虑故障相关性,又考虑测试剖面与运行剖面差别的软件可靠性增长模型。

5.2 基于有向图的故障相关性分析

绝大多数软件可靠性增长模型都假设故障之间是独立的,实际上,软件测试过程中故障的发生是成簇的,也就是存在一定的相关性[110~111]。文献[58]把故障分为两类:独立的故障和相关的故障。文献[40]用S形软件可靠性增长模型描述这两种相关性,假设独立的故障在不同的程序树路径上,只有独立的故障被排除后,相关的故障才能被排除。这种分类方法对软件可靠性建模有一定的指导作用,然而,软件故障之间的相关关系是很复杂的,这种分类方法并没有对故障之间的相关关系进行详尽的阐述。因此,应该用形式化的方法描述故障相关关系。我们把故障之间的相关关系分为三类:一对一,一对多和多对一。

定义 5-1 故障相关关系 $R(i,j)$。设 R 是故障节点集上的二元关系。对于任一有序的故障节点(i,j),当且仅当故障节点 i 被发现并且被正确排除后,j 才有可能被排除,称 $R(i,j)$为故障相关关系。

性质 5-1 故障相关关系传递性。如果$(j,k)\in R$ 并且$(i,j)\in R$,那么$(i,k)\in R$。

软件测试过程中,由于故障的相关关系,只有独立的故障被排除后,相关的故障才有可能被发现并且排除,相关的故障这种被发现并且排除的行为被称为曝漏。

定义 5-2 故障相关关系图。故障相关关系图是一个连通有向图 $G(V,E)$,V 是一系列的点用来表示故障节点集,$E\subseteq V\times V$ 表示有向边集,用来表示故障之间的相关关系。$|V|$表示故障相关关系图中的节点数。对任一个从点 v_1 到 v_2 的边 e,$e\in E$,v_1 称边 e 的起始节点,记作 $IV(e)$,v_2 称边 e 的终节点,记作 $TV(e)$。对$\forall v\in V$,Indegree(v)记作故障节点 v 的入度,等于进入点 v 的有向边$\{e_1,e_2,\cdots,e_k\}$,$1\leqslant k\leqslant |V|-1$,当且仅当故障数等于$\{IV(e_i),1\leqslant i\leqslant |V|-1\}$的故障节点被排除后,故障 v 才能被排除。Outdegree(v)记作点 v 的出度,代表从故障节点 v 发出边数$\{e_1,e_2,\cdots,e_k\}1\leqslant k\leqslant |V|-1$,只有故障节点 v 被发现并且排除后,故障节点等于$\{TV(e_i),1\leqslant i\leqslant |V|-1\}$的故障才可能被发现并且排除。故障相关关系图的一个路径是由一系列的边$(e_1,e_2,\cdots,e_k)$组成的,其中 $TV(e_i)=IV(e_{i+1})1\leqslant i\leqslant k-1$。假设 $v_I=IV(e_I)$并且 $v_T=TV(e_k)$,称这个路径从 v_I 到 v_T 的故障相关关系路径。

定义 5-3 直接相关。记故障之间的直接相关关系为 $D(i,j)$,如果$(i,j)\in R$，并且如果$\exists m_1,m_2,\cdots,m_k,k\leqslant n$使得$(i,m_1),(m_1,m_2),\cdots,(m_k,j)\in E,(i,j)\in D$。一对一的相关关系记作$OO(i,j)$，如果$(i,j)\in D$，当$i$被发现后，故障$j$被曝漏并且当且仅当只有$j$被曝漏，那么$(i,j)\in OO$；一对多的相关关系记作$OM(i;j_1,j_2,\cdots,j_n)$，如果$(i,j)\in D$，当$i$被发现后，有一个以上的故障数$j_1,j_2,\cdots,j_n$被曝漏，那么$(i,j)\in OM$；多对一的相关关系记作$MO(i_1,i_2,\cdots,i_n;j)$。如果$(i,j)\in D$，当且仅当一个以上的故障数$i_1,i_2,\cdots,i_n$被发现，故障$j$才能被曝漏，那么$(i,j)\in MO$。

一对一、一对多和多对一直接相关关系用有向图表示如下，图中用圈表示故障节点，相关关系用箭头指向表示。

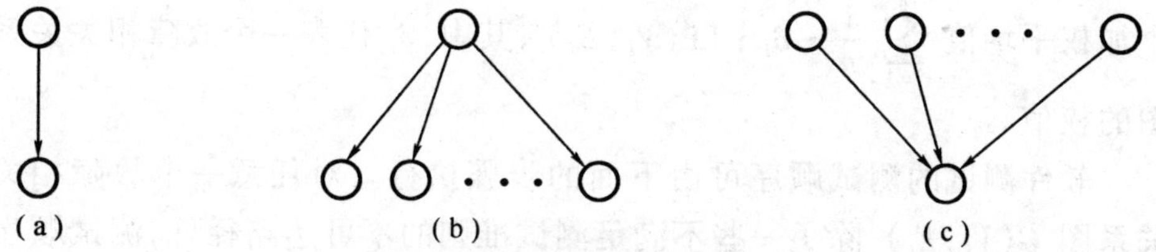

图5.1 直接相关关系分类

(Figure 5.1 Classification of relations of direct fault dependencies)

(a)一对一(One to one)；(b)一对多(One to many)；(c)多对一(Many to one)

定义5-4 独立的故障。v被称为独立的故障当且仅当Indegree(v)等于0，Outdegree(v)表示与v相关的故障数。

定义5-5 多故障相关关系图。由多个故障相关关系有向图构成一个不连通的多故障相关关系图。一个多故障相关关系图是$n+1$元组$(V,E_1,E_2,\cdots,E_m)$，对于$\forall(V_i,E_i),1\leqslant i\leqslant m,(V_i,E_i)$是一个故障相关关系图。

定义5-6 软件测试得到的所有故障及其相关的故障构成一个多

故障相关关系图。

定义 5-7 初始故障数。任意一个故障相关关系图 $G(V_i, E_i)$，对所有的 $v \in V_i$，Indegree(v)等于 0 的故障节点数记作 NZ - Indegree(V_i, E_i)。对一个多故障相关关系图，初始的故障数，用下式表示：

$$\sum_{i=1}^{m} \text{NZ - Indegree}(V_i, E_i)$$

定义 5-8 相关系数。相关系数是用来表示故障的相关程度，记作 DC(LP)。对于每个故障相关关系图的所有路径，LP(V_1, E_1)表示故障相关关系图 $G(V_1, E_1)$最长的路径，对于一个多故障相关关系图，相关系数 DC(LP)被定义为平均的路径长度 $\sum_{i=1}^{n} \frac{1}{n} \cdot \text{LP}(V_i, E_i)$，也可以定义一个加权平均值 $\sum_{i=1}^{n} \frac{1}{n} \cdot \delta_i \cdot \text{LP}(V_i, E_i)$，其中，$\delta_i$ 代表一个故障相关关系图的权值。

软件测试的测试顺序可由下面的步骤执行。对任意一个故障相关关系图 $G(V_i, E_i)$，除了一些不满足测试准则的不可达路径外，测试顺序就是相关关系的拓扑排序，对于多故障相关关系图，测试顺序就是组合优化问题。组合优化的复杂度等于软件的故障节点数，因为每一个故障节点都只能被访问一次。

下面的例子用来解释故障相关性。我们将每一个故障相关关系图称之为团。软件的故障组成的一个多故障相关关系图如图 5.2 所示。图 5.2(a)表示一个故障节点数较少的小团，仅包含一个独立的故障。图 5.2(b)表示比较大的团，包含了比图 5.2(a)复杂的相关关系的故障节点。最大的团如 5.2(b)所示的相关系数较大，既包含了独立的故障，又包含了相关关系的故障。软件测试时，当且仅当独立的故障被发现并且被排除后，相关的故障才有可能被排除。经典的软件可靠性增长模型都假设故障之间是独立的，对软件可靠性评估和预测的精度有失准确性。

从图5.2可以看到,在软件测试开始时,共存在7个故障,也就是说,初始时的能够被检测的软件故障为7个。随着软件测试的进行,相关的故障不断地曝漏并且被排除,软件中包含的总故障数会不断增加。经典软件可靠性增长模型的两参数指数模型由于其简单,因此被广泛使用,文献[112]在分析NHPP类具有指数形式的软件可靠性增长模型参数时,分析结果表明代表软件中包含最终故障数的参数,随着测试数据的增加,表现为递增的趋势,这种递增的趋势也可以由软件中故障之间存在的相关性来解释。

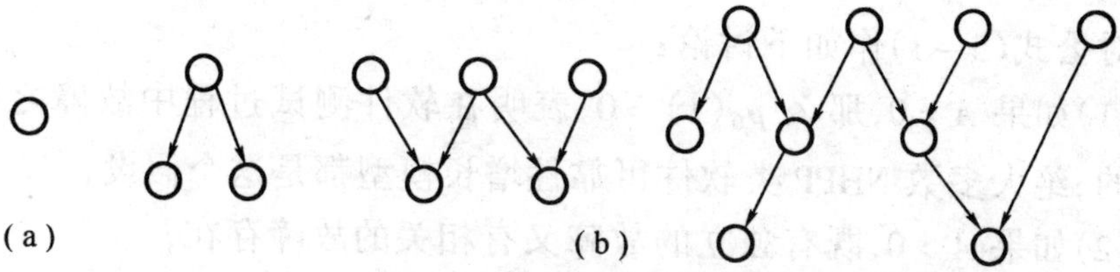

(a)　　　　　　　　　　　　(b)

图5.2　多故障相关关系有向图

(Figure 5.2　A multi - failure node graph)

(a)独立的故障(Independent failure);(b)独立的和相关的故障(Independent and dependent failure)

5.3　测试阶段考虑故障相关性的软件可靠性增长模型

根据故障的相关性关系,软件故障被划分为很多团,多个团就构成了一个多故障相关关系有向图,每个团中的故障数是不相同的。在软件测试过程中,包含故障数多的团,称为大团,对软件测试过程的影响要比小团的大。软件测试的目的就是为了尽可能快地发现故障,对软件测试过程影响较大的故障首先被排除,一旦故障被发现,通常就会使用一系列的测试用例定位发生失效的根源[59],因此,排除大团故障的概率要高于排除小团故障。其次,在大团中具有很多故障相关性的路径,如果每个路径被访问的概率相等,大团的故障被检测的概率要高于小团中故障被检测的概率。从另一方面看,软件测试人员对软件测试经验的逐渐积累,故障曝漏率高的输入首先被选取[58]。因此,由于这两方面作用的结果,大团中的故障首先被排除,相关故障的出现率开始时比较高,随着测试的进行,大团将变成小团,故障的相关性会逐渐减弱,小团中的故障将会被检测并且排除,因此,相关故障出现率 $e(t)$ 会逐渐降低,这种下降的趋势可以用公式(5-1)描述[30]。

$$p_0(t)=A\cdot\exp(-\beta t) \tag{5-1}$$

对公式(5-1)作如下讨论:

(1)如果 $A=0$,那么 $p_0(t)=0$,表明在软件测试过程中故障之间是独立的,绝大多数 NHPP 类软件可靠性增长模型都是这个假设;

(2)如果 $A>0$,既有独立的故障又有相关的故障存在;

①如果 $A\leqslant 1$,那么 $p_0(t)<1$,故障相关性主要是多对一的关系;

②如果 $A>1$,那么 $p_0(t)>1$,故障相关性主要是一对多的关系;

(3)β 的值表示下降的速率,β 的值越大,表明下降的速率越快,相关故障出现率变化的速率越快。

为了方便描述,本章中用到的一些符号及其含义解释如下。

$a(t)$:与时间相关的故障总数函数,包括已检测的故障数和未被检测的故障数;

b:测试阶段的故障检测率;

a:软件测试开始时能够被检测的故障数;

c:最终能够被检测的故障数;

b^0:运行阶段的故障检测率。

可以建立测试阶段故障相关性的软件可靠性增长模型,除了满足 NHPP 类模型的假设外,还要满足:

(1)一旦故障被发现,就会立刻被排除,不会引入新的故障;

(2)软件的故障被划分为独立的故障和相关的故障两类；

(3)相关故障出现率满足递减趋势。

模型的推导如下：

$$\frac{\mathrm{d}m(t)}{\mathrm{d}t}=b\cdot[a(t)-m(t)] \tag{5-2}$$

$$\frac{\mathrm{d}a(t)}{\mathrm{d}t}=A\cdot\mathrm{e}^{-\beta t}\frac{\mathrm{d}m(t)}{\mathrm{d}t} \tag{5-3}$$

公式(5－2)与(5－3)的初始条件：

$$m(0)=0 \tag{5-4}$$

$$a(0)=a \tag{5-5}$$

软件测试阶段剩余故障数：

$$\chi(t)=a(t)-m(t) \tag{5-6}$$

对方程(5－6)的两边求导，易得：

$$\frac{\mathrm{d}\chi(t)}{\mathrm{d}t}=\frac{\mathrm{d}a(t)}{\mathrm{d}t}-\frac{\mathrm{d}m(t)}{\mathrm{d}t}=(A\cdot\mathrm{e}^{-\beta t}-1)\cdot\frac{\mathrm{d}m(t)}{\mathrm{d}t} \tag{5-7}$$

方程(5－7)也可以写成：

$$\frac{\mathrm{d}\chi(t)}{\mathrm{d}t}=(A\cdot\mathrm{e}^{-\beta t}-1)\cdot b\cdot\chi(t) \tag{5-8}$$

方程(5－8)的初始条件：

$$\chi(0)=a(0)-m(0)=a \tag{5-9}$$

因此，由式(5－8)得到剩余故障数的期望值：

$$\chi(t)=a\mathrm{e}^{-\int_0^t(1-A\mathrm{e}^{-\beta\tau})\cdot b\mathrm{d}\tau} \tag{5-10}$$

由公式(5－2)，测试阶段软件的失效强度：

$$\lambda(t)=m'(t)=b\cdot\chi(t) \tag{5-11}$$

因此，故障累计数均值函数推导如下：

$$m(t)=\int_0^t\chi(u)\cdot b\mathrm{d}u=\int_0^t b\cdot\mathrm{e}^{-\int_0^u(1-A\mathrm{e}^{-\beta\tau})\cdot b\mathrm{d}\tau}\mathrm{d}u \tag{5-12}$$

经计算公式(5－12)，易得：

$$m(t) = a \cdot b \cdot e^{\frac{bA}{\beta}} \cdot \int_0^t e^{-b\left(u+\frac{A}{\beta}e^{-\beta u}\right)} du \tag{5-13}$$

设 $B(u) = e^{-b\left(u+\frac{A}{\beta}e^{-\beta u}\right)}$,对公式(5－13)求近似值,得到:

$$B^*(u) = \int_0^t e^{-b\left(u+\frac{A}{\beta}e^{-\beta u}\right)} du$$

$$= \sum_{n=0}^{\infty} -\left(-\frac{bA}{\beta}\right) \cdot \frac{1}{n!} \cdot \frac{1}{Bn+b} \cdot \left[e^{-t(Bn+b)} - 1\right] \tag{5-14}$$

公式(5－14)代入(5－13),测试阶段的均值函数:

$$m(t) = a \cdot b \cdot e^{\frac{bA}{\beta}} \cdot \sum_{n=0}^{\infty} -\left(-\frac{bA}{\beta}\right) \cdot \frac{1}{n!} \cdot \frac{1}{Bn+b} \cdot \left(e^{-t(Bn+b)} - 1\right) \tag{5-15}$$

故障总数:

$$a(t) = a\left[1 + \int_0^t A \cdot e^{-\beta u} \cdot b \cdot e^{-\int_0^u (1-Ae^{-\beta\tau}) b d\tau} du\right] \tag{5-16}$$

经计算,故障总数:

$$a(t) = a\left\{1 + A \cdot b \cdot \sum_{n=0}^{\infty} -\left(-\frac{bA}{\beta}\right) \cdot \frac{1}{n!} \cdot \frac{1}{Bn+b} \cdot \left(e^{-t(Bn+b+B)} - 1\right)\right\} \tag{5-17}$$

5.4 测试到运行考虑故障相关性的软件可靠性增长模型

在软件的测试阶段,相关的故障被不断地发现和排除,当所预测的指标达到用户的要求时,发布软件进入运行阶段。在软件的运行阶段,故障检测是随机的,剩余的相关故障已经被降到最低,剩余的故障可以被看作是独立的[58]。

运行阶段的软件可靠性增长模型的假设满足 NHPP 类模型 G－O 模型的假设，推导如下。

运行阶段的均值函数：

$$\frac{\mathrm{d}m^{o}(t)}{\mathrm{d}t}=b^{o}\cdot[c-m(T)-m^{o}(t-T)],t>T \tag{5-18}$$

其中，b^{o} 代表运行阶段的故障检测率，则

$$m^{o}(t)=[a-m(T)]\{-\exp[-b^{o}(t-T)]\},t>T \tag{5-19}$$

因此，测试和运行阶段的软件可靠性增长模型：

$$m(t)=\begin{cases}a\cdot b\cdot \mathrm{e}^{\frac{bA}{\beta}}\cdot\sum\limits_{n=0}^{\infty}-\left(\dfrac{bA}{\beta}\right)\cdot\dfrac{1}{n!}\cdot\dfrac{1}{Bn+b}\cdot[\mathrm{e}^{-t(Bn+b)}-1],t\leqslant T\\ [c-m(T)]\{1-\exp[-b^{o}(t-T)]\}+m(T),t>T\end{cases} \tag{5-20}$$

公式(5－20)包含一个从 0 到 +∞ 的累计的表达式，很难用数值的方法计算，容易知道，当 $n\to\infty$ 时

$$\lim_{n\to\infty}\left(\frac{bA}{\beta}\right)\cdot\frac{1}{n!}\cdot\frac{1}{Bn+b}\cdot[\mathrm{e}^{-t(Bn+b)}-1]=0 \tag{5-21}$$

因此，在满足公式(5－20)和用户精度的要求下，从测试到运行考虑故障相关性的软件可靠性增长模型可以用下面的公式表示：

$$m(t)=\begin{cases}a\cdot b\cdot \mathrm{e}^{\frac{bA}{\beta}}\cdot\sum\limits_{n=0}^{M}-\left(-\dfrac{bA}{\beta}\right)\cdot\dfrac{1}{n!}\cdot\dfrac{1}{Bn+b}\cdot[\mathrm{e}^{-t(Bn+b)}-1],t\leqslant T\\ [c-m(T)]\{1-\exp[-b^{o}(t-T)]\}+m(T),,t>T\end{cases} \tag{5-22}$$

因为这个模型既考虑故障相关性，又考虑测试剖面与运行剖面的差别，称为 TDO－SRGM。

5.5　性能比较

为了检验 TDO－SRGM 模型的拟合效果，用最小二乘法，在现有的

发表的第一组数据[49]和第二组数据[48]上，分别应用 TDO - SRGM 模型、G - O 模型[24]，Yamada 延迟 S 型[31]，logistic 模型[31]，增强 G - O 模型[18]和 Compertz 模型[104]。

5.5.1 第一组数据集

首先在第一组数据集上通过实验确定 M 的值。应用最小二乘法求解模型的参数，当 $M \geqslant 10$ 时，TDO - SRGM 的参数趋于稳定。求解的参数结果表示如下：初始的能够检测的故障数 a 为 133，最终能够检测的故障数为 207.3，软件已经经历了足够的测试结束，故障检测率 b 为 0.009 226，$\beta = 0.052\ 78$，$A = 94.42$，并且 $b^o = 0.000\ 382$，表示相关故障出现率很高。

除此以外，表 5.1 也列出了其他的三个比较标准：SSE，R - squares，PE。从表 5.1 可以看出，TDO - SRGM 的这三个比较标准值要优于其他模型的。

表 5.1 第一组数据集上模型的比较结果

(Table 5.1 Comparison results of different SRGMs for the first data set)

比较标准	LSE	SSE	R - square	PE/%
TDO - SRGM	$c = 207.3$ $a = 133$ $b = 0.009\ 226$ $b^o = 0.000\ 382$ $A = 94.42$ $\beta = 0.052\ 78$	413.3	0.9979	2.11
Huang 的相关性模型	$a = 216.6$ $f = 150.8$ $p = 0.972\ 4$ $r = 0.089\ 33$	636.3	0.9968	6.69
Yamada 延迟 S 型	$a = 213.5$ $b = 0.093\ 48$	806.3	0.9962	5.17
G - O 模型	$a = 301.3$ $b = 0.024\ 31$	3914	0.9814	48.42
增强 G - O 模型	$a = 208$ $b = 0.008\ 258$ $c = 1.543$	565.8	0.9973	2.46
Logistic 模型	$a = 197.9$ $b = 12.41$ $c = 0.141\ 9$	882.9	0.9958	2.51
Compertz 模型	$a = 208.9$ $b = 0.031\ 01$ $c = 0.913\ 9$	434.6	0.9979	2.906

图 5.3 描述了 TDO - SRGM 与 logistic 模型、Compertz 模型、Huang 的相关性模型的 RE 值。从图 5.3 可以看出，TDO - SRGM 与这几个模型相比较，RE 值要比这几个模型更快地趋近于 0。

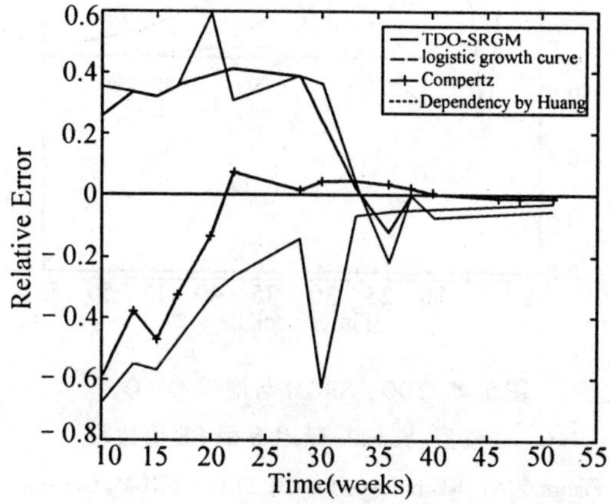

图 5.3　TDO - SRGM 与 logistic 模型、Compertz 模型、Huang 相关模型 RE 值比较

(Figure 5.3　RE cureves for the TDO - SRGM, logistic growth curve, Compertz and Dependency by Huang model)

图 5.4 描述了 TDO - SRGM 与增强 G - O、G - O 模型、Yamada 延迟 S 型的 RE 值。从图 5.4可以看出，TDO - SRGM 与这几个模型相比较，RE 值要比这几个模型更快地趋近于 0。

参数敏感性分析的结果见表 5.2 所示。可以看到，c、a、b 与 b^{o} 对于估计的故障数有较大的影响，其余的参数对于估计结果的影响比较小。

参数 c 代表软件最终能检测的故障数，而且是评估软件可靠性的重要参数。表 5.3 列出了本模型与其他模型这个参数的置信区间。

从以上比较的表格与图形，可以得到下述结论：在第一组故障数据集上，TDO - SRGM 比其他几个模型拟合和预测能力要好。

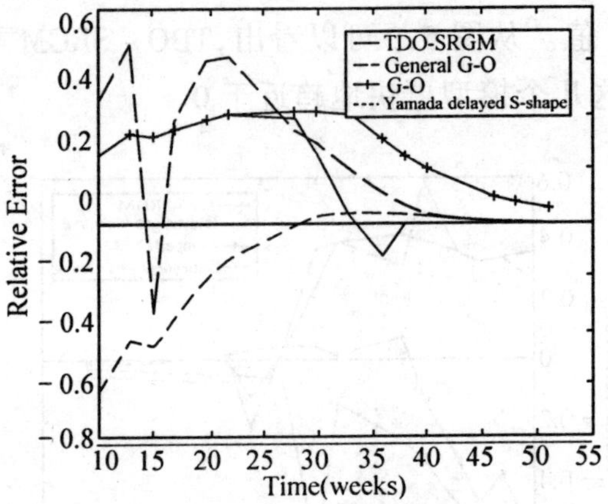

图 5.4 TDO－SRGM 与增强 G－O、G－O 模型、Yamada 延迟 S 型 RE 值比较

(Figure 5.4 RE cureves for the TDO－SRGM, General G－O, G－O model Yamada delayed S－shape model)

表 5.2 参数敏感性分析的结果

(Table 5.2 Numerical values of sensitivity analysis for parameters)

x	c	β	A	b^0	b	a
20	0.15681	－0.03491	－0.00423	0.13651	0.16641	0.15376
15	0.12416	－0.02879	－0.00367	0.12461	0.15431	0.13416
10	0.07223	－0.04436	－0.03146	0.11486	0.14456	0.07153
5	0.00545	－0.03568	－0.04512	0.01079	0.00979	0.00568
－5	－0.09183	－0.05255	－0.05666	－0.08742	－0.07342	－0.09223
－10	－0.12457	－0.06718	－0.04567	－0.10996	－0.11196	－0.12467
－15	－0.18934	－0.08175	－0.04346	－0.12454	－0.13494	－0.18674
－20	－0.27208	－0.06897	－0.04306	－0.11785	－0.10845	－0.27338

表 5.3 参数置信区间

(Table 5.3 Comparisons of confidence limits for parameter)

比较结果	上限	下限
TDO - SRGM	221.8	194.1
Huang 的相关模型	258.6	195.2
Yamada 延迟 S 型	217.1	210
G - O 模型	335.5	267.2
增强 G - O 模型	212.3	203.7
Logistic 模型	201.7	196.1
Compertz 模型	211.7	206.1

5.5.2 第二组数据集

第二组数据集上,TDO - SRGM 与其他模型的最小二乘法求解的参数值见表 5.4 所示。除此以外,表 5.4 也列出了其他的三个比较标准:SSE,R - squares,PE。从表 5.4 可以看出,TDO - SRGM 的这三个比较标准值要优于其他模型的。

图 5.5 分别描述了所比较模型 RE 值,经过计算,在软件运行阶段结束时,TDO - SRGM、Chin - Yu Huang 公式(20)模型、Yamada 延迟 S 型、G - O模型和 logistic 模型 1 的 RE 值分别为 - 0.000 46、- 0.037 5、- 0.036 9、- 0.026 4 和 - 0.031 5。因为增强 G - O 模型和 Logarithmic 模型很大地偏离了 0,并且 RE 值在运行阶段结束时分别为 - 0.085 5 和 - 0.106 9,因此在图 5.5 种我们没有给出这两个模型 RE 值的变化趋势。

表 5.4 第二组数据集上软件可靠性增长模型比较结果

(Table 5.4 Comparison results of different SRGMs for the second data set)

比较结果	SSE	R - square	PE/%
TDO - SRGM	0.043 111 7	0.983 9	1.78
Huang 相关模型	0.053 03	0.983 9	2.32
Yamada 延迟 S 型	0.244 3	0.968 5	3.69
G - O 模型	0.064 4	0.981 7	2.64
增强 G - O 模型	0.062 85	0.981 6	2.55
Logarithmic 模型	1.032	0.867	8.65
Logistic 模型	0.119 1	0.984 7	3.25

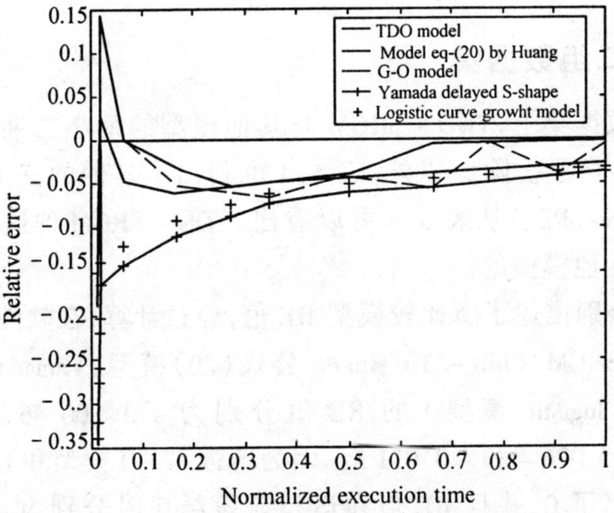

图 5.5 TDO - SRGM 与其他模型 RE 值比较

(Figure 5.5 RE cureves for the TDO - SRGM and other models)

从以上比较的表格与图形,可以得到下述结论:在第二组故障数据集上,TDO - SRGM 比其他几个模型拟合和预测能力要好。

因此,可以得到结论:在这两组故障数据集上,TDO – SRGM 模型的拟合与预测能力要比其他几个模型好。

5.6　本章小结

本章首先分析了现有的考虑故障相关性的软件可靠性增长模型的不足之处,其中包括模型中需求的参数在软件测试过程中很难得到,或者是将独立的故障与相关的故障完全分离开来,并且对软件故障的相关关系也没有进行形式化分析,另外,这些软件可靠性增长模型都没有考虑测试环境与运行环境的差别。

其次在有向图基础上,本章重点形式化分析了软件故障相关性,提出了相关故障出现率的概念,并且分析了随时间变化的相关故障出现率,最后建立了既考虑故障相关性,又考虑测试剖面与运行剖面差别的软件可靠性增长模型 TDO – SRGM。实验结果表明,在已知的两组失效数据集上,TDO – SRGM 比其他的软件可靠性增长模型的拟合与预测能力好。

参 考 文 献

1 刘超,金茂忠.软件测试过程的基本模型 POCERM.北京航空航天大学学报,1997,23(1):56~60.

2 陈松林,鲁星,马妙技.高技术武器系统中软件的现状及应用分析.航空兵器.2003,21(3):33~35.

3 Pham H, Nordmann L, Zhang X. A General Imperfect Software Debugging Model with S - shaped Fault - Detection Rate. IEEE Transactions on Reliability, 1999, 48(2):169~175.

4 Musa J D. Software Reliability Engineering. McGraw - Hill, 1998:1~142

5 Lyu M R Handbook of Software Reliability Engineering. New York: McGraw - Hill and IEEE Computer Society Press, 1996:27~400.

6 HO S L, Xie M, GOH T N. A Study of the Connectionist Models for Software Reliability Prediction. Computer and Mathematics with Applications, 2003, 46 (7):1037~1045.

7 Defamie M, Jacobs P, Thollembeck J. Software Reliability: Assumptions, Realities and Data. Proceedings of IEEE International Conference on Software Maintenance(ICSM '99). Oxford England, 1999:337~345.

8 徐仁佐.软件可靠性模型及应用.北京:清华大学出版社,1994:3~242.

9 Software Engineering Standards Subcommittee of the Technical Committee on Software Engineering of theIEEE Computer Society. IEEE Standard Dictionary of Measures to Produce Reliable Software (IEEE Std 982.1 - 1988). IEEE Computer Society, 1988:1~40.

10 Software Engineering Technical Subcommittee of the IEEE Computer

Society. IEEE guide for the use of IEEE standard dictionary of measures to produce reliable software. (IEEE Std 982.2 - 1988). IEEE Computer Society, 1988: 1 ~ 139.

11 Standards Coordinating Committee of the Computer Society of the IEEE. IEEE Standard Glossary of Software Engineering Terminology (IEEE Std 610.12 - 1990). IEEE Computer Society, 1990: 1 ~ 83.

12 American Institute of Aeronautics and Astronautics. American National Standard Recommended Practice for Software Reliability (AIAA/ANSI R - 013 杰 - 1992). Amercian National Standards Institute, 1993: 1 ~ 40.

13 Musa J D, Iannino A, Okumoto K. Software Reliability: Measurement, Prediction, Application. McGraw - Hill, 1997: 1 ~ 541.

14 Ramamoorthy C V, Bastani F B. Software Reliability Status and Perspectives. IEEE Transactions on Software Engineering. 1982, 8(4): 354 ~ 371.

15 吴晗平.软件可靠性模型技术分析.现代防御技术.1998,26(2):32 ~ 41.

16 邹丰忠,李传湘.软件可靠性模型理论分析.武汉水利电力大学学报.1998,31(2):76 ~ 80.

17 亓涓,杨孝宗.经典随机过程类软件可靠性模型分析.第二届中国测试学术会议论文集.上海:2002:303 ~ 309.

18 Goel A L. Software Reliability Models: Assumptions, Limitations and Applicability. IEEE Transactions on Software Engineering. 1985, 11(12): 1411 ~ 1425.

19 Li X. Software Reliability Measurement - A Survey. Presented in Partial Fulfillment of the Requirements for the Degree of Master of Computer Science at Concordia University, 2002: 1 ~ 111.

20 Pham H. Software Reliability and Testing. IEEE Computer Society Press,

1995:1~144.
21 陆大绘.随机过程及其应用.北京:清华大学出版社,1986:117~219.
22 傅佩琛,付遥.软件可靠性研究的发展状况与展望.电子科技.1997,(2):3~10.
23 黄锡滋.软件可靠性、安全性与质量保证.成都:电子工业出版社,2002:1~130.
24 Goel A L, Okumoto K. Time - Dependent Error - Detection Rate Model for Software and other Performance Measures. IEEE Transactions on Reliability. 1979, 28(3): 206~211.
25 Pham H, Zhang X. NHPP Software Reliability and Cost Model with Testing Coverage. Europe Journal of Operational Research. 2003, 145(3): 443~454.
26 Gokhal S S, Trivedi K S. A Time/Struct Based Software Reliability Model. Annals of Software Engineering. 1999, 8(1): 85~121.
27 Jeske D R, Zhang X, Pham L. Accounting for Realities when Estimating the Field Failure Rate of Software. Proceedings of 12th International Symposium on Software Reliability Engineering (ISSRE 2001). Hong Kong, 2001: 332~339.
28 Yamada S, Tokuno K, Osaki S. Imperfect Debugging Models with Fault Introduction Rate for Software Reliability Assessment. International Journal of Systems Science. 1992, 23(12): 2241~2252.
29 Ohba M, Yamada S. S - Shaped Software Reliability Growth Models. Proceedings of the 4th International Conference on Reliability and Maintainability. Brest, 1984: 430~436.
30 Yamada S, Osaki S. Software Reliability Growth Modeling: Models and Applications. IEEE Transactions on Software Engineering. 1985, 11(12): 1431~1437.

31 Yamada S, Ohba M, Osaki S. S – Shaped Software Reliability Growth Modeling for Software Error Detection. IEEE Transactions on Reliability. 1983,32(5):475 ~ 484.

32 何国伟,王纬.软件可靠性.北京:国防工业出版社,1998:364 ~ 371.

33 Pham H, Zhang X. An NHPP Software Reliability Model and Its Comparison. International Journal on Reliability, Quality Safety Engineering. 1997,14(3):269 ~ 282.

34 Zhang X, Teng X, Pham H. Considering Fault Removal Efficiency in Software Reliability Assessment. IEEE Transactions on Systems, Man, and Cybernetics – Part A: Systems and Humans. 2003,33(1):114 ~ 119.

35 Hossain S A, Ram C D. Estimating the Parameters of a Non – Homogeneous Poisson Process Model for Software Reliability. IEEE Transactions on Reliability. 1993,42(4):604 ~ 612.

36 Pham H. A Software Cost Model with Imperfect Debugging, Random Life Cycle and Penalty Cost. International Journal on Systems Science. 1996,27(5):455 ~ 463.

37 Huang C Y, Kuo S Y. Analysis of a Software Reliability Growth Model with Logistic Testing – Effort Function. Proceedings of the Eighth International Symposium On Software Reliability Engineering (ISSRE 1997). Albuquerque, 1997:378 ~ 388.

38 Rivers A T, Vouk M A. Resource – Constrained Non – Operational Testing of Software. Proceedings of the Ninth International Symposium on Software Reliability Engineering (ISSRE 1998). Paderborn, 1998:154 ~ 163.

39 Hou R H, Kuo S Y, Chang Y P. Applying Various Learning Curves to the Hyper – Geometric Distribution Software Reliability Growth Model. Proceedings of the 5th International Symposium on Software Reliability Engineering (ISSRE 1994). Monterey, 1994:196 ~ 205.

40 Teng X. A Non – Homogeneous Poisson Process Software Reliability Growth Model for N – Version Programming Systems. Dissertation for the Doctoral Degree of Philosophy of the State University of New Jersey, 2001: 33 ~ 117.

41 ohba M. Infection S – shaped Software Reliability Growth Model, Stochastic Models in Reliability Theory, Springer – Verlag, Berlin, 1984: 142 ~ 162.

42 Kapur P K and Younes S. Software Reliability Growth Model with Error Dependency. Microelectronics and Reliability. 1995, 35(2): 273 ~ 278.

43 Chin – Yu Huang, Chu – Ti Lin, Sy – Yen Kuo, Michael R. Lyu, and Chuan – Ching Sue. Software Reliability Growth Models Incorporating Fault Dependency with various Debugging Time Lags. Proceedings of the 28th Annual International Computer Software and Applications Conference (COMPSAC'04).

44 Zhang X, Pham H. An Analysis of Factors Affecting Software Reliability. Journal of Systems and Software. 2000, 50(1): 43 ~ 56.

45 Zhang X, Shin M, Pham H. Exploratory analysis of environmental factors for enhancing the software reliability assessment. Journal of System and Software. 57(2001): 73 ~ 78.

46 Teng X, Pham H. Software reliability and cost models under random environment. Quality & Reliability Eng. Center, Report # 105, Dept. of Industrial Eng, Rutgers Univ, 2003.

47 Zhang X, Daniel R J, Pham H. Calibrating software reliability models when the test environment does not match the user environment. Appl. Stochastic Models Bus. Ind. 2002, (18): 87 ~ 99.

48 Teng X, Pham H. A Software Cost Model for Quantifying the Gain with Considering of Random Field Environments. IEEE Transactions on Computers. 2004, 53(3): 380 ~ 384.

49 Jeske D R, Zhang X, Pham L. Adjust software failure rates that are estimated from test data. IEEE Trans. On Reliability, MARCH. 2005, 54(1): 107 ~ 114.

50 Malaiya Y K. Software Reliability. www.cs.colostate.edu/ ~ cs530/soft-rel.pdf.

51 Zhao M. Change - point problems in software and hardware reliability. Communications in Statistics - theory and methods. 1993, 22(3): 757 ~ 768.

52 Chang Y P. Estimation of parameters for nonhomogeneous Poisson process software reliability with change - point model. Communications in Statistics: Simulation and Computation. 2001, (30): 623 ~ 635.

53 Zou F Z. A change - point perspective on the software failure process, Software Testing, verification and Reliability. 2003(13): 85 ~ 93.

54 Shyur H J. A stochastic software reliability model with imperfect - debugging and change - point. Journal of Systems and Software. 2000 (66): 135 ~ 141.

55 邹丰忠,刘海青,王林.软件可靠性综合模型.武汉大学学报,2003, 36(1): 86 ~ 88.

56 邹丰忠,李传湘.双随机软件可靠性模型的建模.软件学报,1998, 9 (1): 69 ~ 73.

57 毛晓光,邓勇进.基于构建软件的可靠性通用模型.软件学报,2004, 15(1): 27 ~ 32.

58 刘宏伟,杨孝宗,曲峰,董剑.基于 CGOM 的软件费用模型研究.计算机学报,2003, 26(10): 1332 ~ 1336.

59 Yang B, Xie M. A study of operational and testing reliability in software reliability analysis. Reliability Engineering and System Safety. 2000(70): 323 ~ 329.

60 Wu K, Malaiya Y K. The Effect of Correlated Faults On Software Reliability. Fourth International Symposium on software Reliability Engineering, 1993, 80 ~ 89.

61 Katerina G P, Kishor S T. Kishor S. Trivedi. Failure Correlation in Software Reliability Models. IEEE Trans. On Reliability. 2000, 49(1): 333 ~ 345.

62 Dai Y S, Xie M, Poh K L. Modeling and Analysis of Correlated Software Failures of Mutiple Types. IEEE Trans. On Reliability. 2005, 54(1): 100 ~ 106.

63 朱鸿，金凌紫. 软件质量保证与测试. 北京：科学出版社，1997: 20 ~ 167.

64 Yamada S, Osaki S. Optimal software release policy for a nonhomogeneous software error detection rate model. Microelectronics and Reliability. 1986, (26): 691 ~ 702.

65 Kapur P K, Bhushan S, Younes S. An exponential SRGM with a bound on the number of failures. Microelectronics and Reliability. 1993, (33): 1245 – 1249.

66 Zeephongsekul P. Reliability growth of a software model under imperfect debugging and generation of errors. Microelectronics and Reliability. 1996, (36): 1475 ~ 1482.

67 Pham H, Zhang X M. A software cost model with warranty and risk costs. IEEE Transactions on Computers. 1999, (48): 71 ~ 76.

68 Musa J D. A theory of software reliability and its application. IEEE Transactions on Software Engineering. 1975, 3(1): 312 ~ 327.

69 Govil K K. A new model of software reliability prediction. Microelectronics and Reliability. 1983, (23): 1009 ~ 1019.

70 Suresh N, Babu. AJG. Software reliability estimation and optimization, a nonhomogeneous Poisson process approach. International Journal of Quality

and Reliability Management. 1997, (14): 287 ~ 300.

71 Lakey P B, Neufelder A M. System and Software Reliability Assurance Notebook. Rome Laboratory, 1996: 1 ~ 12.

72 Chiasson L, Frappier M. Generation of Test Cases from an Operational Profile of the Software. http://www.dmi.usherb.ca/ ~ frappier/gen - test.pdf.

73 Voas J. Certifying Software for High - Assurance Environments. IEEE Software. 1999, 16(4): 48 ~ 54.

74 Voas J. Will the Real Operational Profile Please Stand up?. IEEE Software. 2000, 17(2): 87 ~ 89.

75 Whittaker J A, Voas J. Toward a More Reliable Theory of Software Reliability. IEEE Computer. 2000, 33(12): 36 ~ 42.

76 Gittens M, Lutfiyya H, Bauer M, Gittens C. Extending the Traditional Operational Profile Model. ISSRE 2003 Fast Abstracts. 2003, http://www.chillarege.com/fastabstracts/issre2003/183 - FA - 2003.pdf.

77 Li N, Malaiya Y K. On Input Profile Selection for Software testing. Proceedings of the International Symposium on Software Reliability Engineering (ISSRE), 1994, 196 ~ 205.

78 Chen M H, Mathur A P, Rego V J. Effect of Testing Techniques on Software Reliability Estimates Obtained Using Time - Domain Models. IEEE Transactions on Reliability. 1995, 44(1): 97 ~ 103.

79 Philip T, Marinos P N, Trivedi K S. A Multiphase Software Reliability Model: From Testing to Operational Phase. citeseer.ist.psu.edu/philip96multiphase.html.

80 Sahra S A, Ghafoor A, Paul R A. Temporal modeling of software test coverage. Proceedings of the 26 th Annual International Computer Software and Applications Conference (COMPSAC'02), 2002.

81 陆民燕.软件可靠性参数研究.北京航空航天大学学报,2001,27(2):242~244.

82 Goel A L. A Software Error Detection Model With Applications. 2nd Software Life Cycle Management Workshop, sponsored by U.S. Army, Atlanta, Georgia, Aug, 1978:75~79.

83 Okumoto K, Goel A L. Optimum Release Time For Software Systems. Proc IEEE Comput Soc Int Comput Software Appl Conf 3rd, Nov 6-8, 1979:87~91.

84 Huang C Y, Lin C T, Sue C C. Software reliability prediction and analysis during operational use. Information Technology: Research and Education, 2005.

85 Hinkley D V. Inference about the change-point in a sequence of random variables. Biometrika. 1970, (57):1~16.

86 Carlstein E. Nonparametric change-point estimation. The Annals of Statistics. 1988, 16(1):188~197.

87 Joseph L, Wolfson D B. Estimation in multi-path change-point problems. Communications in Statistics: Theory and Methods. 1992, 21(4):897~914.

88 Raftery A E, Akman V E. Bayesian analysis of Poisson process with change point. Biometrika. 1986, 73(1):85~89.

89 Leonard T. Density estimation, stochastic processes and prior information (with discussion). Journal of the Royal Statistical Society B. 1978, (40):113~146.

90 Kapur P K, Younes S. Modeling an Imperfect Debugging Phenomenon in Software Reliability[J]. Micro Relia. 1996, 36(5):645~650.

91 Malaiya Y K, Karunanityi N, Verma P. Predictability measures for software reliability models. In Proc. 1990 IEEE Int. Computer Software and

Applications Conf. (COMPSAC'90), Chicago, IL, Oct, 1990: 7 ~ 12.

92 YANG Z H. Goodness of Fit Test [M]. Anhui: Anhui Education Publishing House, 1994 (Ch).

93 Kuo S Y, Huang C Y, Michael R L. Framework for Modeling Software Reliability, Using Various Testing - Efforts and Fault - Detection Rates. IEEE Trans On Reliability, September. 2001, 50(3): 310 ~ 320.

94 Huang C Y, Lo J H, Kuo S Y. Pragmatic Study of Parametric Decomposition Models for Estimating Software Reliability Growth. Proceedings of the 9th International Symposium On Software Reliability Engineering (ISSRE 1998). Paderborn, 1998: 111 ~ 123.

95 Huang C Y, Kuo S Y, Michael R L, Lo J H. Quantitative Software Reliability Modeling from Testing to Operation. 11th International Symposium on Software Reliability Engineering (ISSRE'00) October 08 - 11, 2000: 72 ~ 82.

96 Musa J D. Operational Profiles in Software Reliability Engineering. IEEE Software Magazine, March. 1993, 10(2): 14 ~ 32.

97 Musa J D. Sensitivity of Field Failure Intensity to Operational Profile Errors. Proceedings of the 5th International Symposium on Software Reliability Engineering, Monterey, CA, USA, 6 - 9 Nov, 1994: 334 ~ 337. IEEE, Los Alamitos, CA, USA.

98 Kenney G Q. Estimating Defects in Commercial Software During Operational Use. IEEE Trans. On Reliability. 1993, 42(2): 107 ~ 115.

99 Chen Y. Modeling Software Operational Reliability via Input Domain - Based Reliability Growth Model. Proceedings of the 28th International Symposium on Fault - Tolerant Computing (FTCS), 1998: 314 ~ 323. Munich, Germany, The Institute of Electrical and Electronics Engineers, Inc.

100 Musa J D. Adjusting Measured Field Failure Intensity for Operational Profile Variation. Proceedings of the 5th International Symposium on Software ReliabilityEngineering, 6 - 9 NOV, 1994: 330 ~ 333. Monterey, CA, USA, IEEE, Los Alamitos, CA, USA.

101 刘宏伟.非齐次泊松过程类软件可靠性增长模型研究:[工学博士学位论文].哈尔滨:哈尔滨工业大学,2004.

102 Beizer B. Software Testing Techniques. Van Nostrand Reinhold, 1990: 240 ~ 500.

103 Ohtera H, Yamada S. Optimal Software - Release Time Considering an Error - Detection Phenomenon during operation. IEEE Trans. On Reliability, December. 1990, 39(5): 596 ~ 599.

104 Huang C Y, Michael R L, Kuo S Y. A Unified Scheme of Some Nonhomogenous Poisson Process Models for Software Reliability Estimation. IEEE Transactions on software engineering. 2003, 29(3): 261 ~ 269.

105 Musa J D, Iannino A and Okumoto K. Software Reliability - Professional Edition. New York: MCGraw - Hill, 1990.

106 Hiroyuki. Okamura, Tadashi. Dohi, Shunji. Osaki. A Reliability Assessment Method for Software Products in Operational - Proposed of an Accelerated Life Testing Model. Electronics and Communications in Japan. 2001, 84 (3): 294 ~ 301.

107 DeMarco T. Controlling Software Projects: Management, Measurement and Estimation: Prentice - Hall, 1982.

108 Huang C Y. Performance analysis of software reliability growth models with test - effort and change - point. The journal of Systems and Software. 2005, (76): 181 ~ 194.

109 Ohba M. Software reliability analysis models. IBM Journal of research and

development. 1984, 28(4): 428 ~ 443.

110 Nikora A P, Lyu M R. Software Reliability Measurement Experience, in Handbook of Software Reliability Engineering, M. R. Lyu (Ed.), McGraw - Hill, 1996, 255 ~ 301.

111 Hamlet D. Are We Testing for True Reliability. IEEE Software, July, 1992: 21 ~ 27.

112 Malaiya Y K, Denton J A. What do the Software Reliability Growth Model parameters Represent. Proceedings The Eighth International Symposium On Software Reliability Engineering, 1997: 124 ~ 135.